現数Select No.5

極限と連続

清原 岑夫 著／森 毅 編

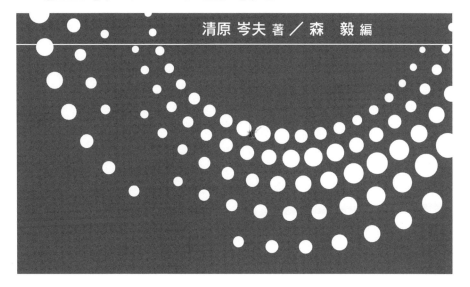

🏛現代数学社

本書は 1977 年 4 月に小社から出版した
『ポケット数学①　極限と連続』
を判型変更・リメイクし、再出版するものです。

この本を手にとったアナタのために

　大学の数学について，教科書とか参考書とかいったゴツイ本はいくらもあります．しかし，そうした本ではとかく著者の方でもかまえてしまうものですし，総花式にソツなく書くものですから，メリハリがなくなってしまうものです．４月に買っても，試験の頃にはホコリがたまっているだけ，なんてこともよくあります．そのかわり，何年か先にヒョッとすると役に立つかもしれない，とまあ心をなぐさめるわけです．

　このシリーズでは，そのようなツンドク用の反対のむしろ使い捨て用の本を意図しました．必要な時に必要な部分を買って使うためのものです．学校をサボッて，試験前になって授業内容をはじめて聞いたアナタのための本です．単位だけ取って数学なんか忘れてしまったけれど，何かのハズミで気になることができたときのアナタのための本です．

　いかめしい大学教授も，たいていは怠惰な学生のナレノハテです．でも授業ではツイ，学生は全部出席して講義を聞いているという前提で，やってしまうものです．まあ学校というのはそうした所です．授業にはあまり出ず，たとい出ていても講義がよくわからんのでノートに落書きをしていたり，そうした現実の大学生の方を考えると，それを補完することにこのシリーズの役割りもあると思うのです．

森　　毅

 まえがき

　この本で，実数をもとにして数列と関数の極限および関数の連続性についてその最も基本的な事柄のいくつかをいわゆるエプシロン・デルタ論法によって論理的にはきちんと，しかもくどすぎるくらい丁寧に述べてみようと思う．

　高校数学では極限や連続はいわば直観的な方法で取り扱われている．しかし直観だけにたよっていてはこれら極限や連続の理論を深く理解することは無理である．こういうと言い過ぎかもしれないが，論理的な方法によらなければ極限や連続の本質を把握することは不可能である．

　ところが論理は直観にくらべてわかりにくく，しかもわずらわしいと感じている人が多い．とすれば極限や連続を学ぶときの難しさはこれらの理論における論法に原因があるのかもしれない．しかし極限や連続の理解を深めようとすれば，どうしてもわかりやすそうで曖昧な直観からは難しそうであり，きちんとした論理へ進まなくてはならない．たとえどんなに論理がめんどうであっても．

　確かに論理的に議論を進めるのはわずらわしいし，議論の論理的な全体構造を把握することは決してやさしいとはいえない．いきなりこの全体構造を掴もうとしてもそれは無理である．全体構造は数多くの部分構造の重層的でしかも有機的な統合物と考えられるからである．しかし不思議なことに議論の各段階の一つ一つは大変単純で決して理解し難いものではないし，これらの段階を一歩一歩順序を踏んで進んで行けばそのうちに全体がみえてくるようになる．そしてこのように論理を通すことによって直観的な扱いではその曖昧性のゆえに，かえってわかりにくかった本性がはっきり

現われてきて理解を一層深めることができる.

　しかしながらこのような論理的な議論は，それが懇切丁寧に展開される限り決してわからないことはないけれども，残念なことにそれを理解するには外国語の文法を学ぶときに似た忍耐力と根気が一般に必要である.

　極限と連続の理論における論法の核心は「エプシロン・デルタ論法」である．この論法は簡単なものではないが，これによって極限や連続に関する基本概念がきちんと定式化され，それらの重要で興味深いいろいろの性質や関係が直観的に明らかなものも含めて論理的にきちんと証明されるのである.

　この本が対象としている読者は，エプシロン・デルタ論法および極限や連続の基礎を学ぶために論理に立ち向かうことをいとわない人たちである．予備知識としては高校数学程度のものがあればそれで十分である．このつたない本がこのような学習意欲に燃えた読者の人たちに少しでもお役に立てれば著者としては大変幸いである.

　終りにこの本を上梓するにあたって何かとご配慮いただいた森毅先生といろいろお世話になった現代数学社の皆様に深く感謝の意を表する.

　　　昭和 51 年 8 月

　　　　　　　　　　　　　　　　　　　　　　　　清原岑夫

このたびの刊行にあたって

　本書初版は 1977 年 4 月でした．この面白く生き生きとした数学を少しでも多くの方に読んでいただきたいと，今回新たに組み直しました．このたびの刊行にあたり，故清原岑夫先生とご快諾くださったご親族様に，心より厚く御礼を申し上げます.

　　　　　　　　　　　　　　　　　　　　　　　現代数学社編集部

目　次

第 1 章

集　合

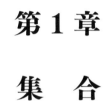

「集合」については良く知っていることと思うが，数学の議論の慣例にならってこの本で使う集合に関する用語と記号を念のために説明しておこう．

集合とは或る条件を満たす物全体の集りのことで，集合を作っている物のことをその集合の**要素**という．a が集合 A の要素であるとき，a は集合 A に**属する**または集合 A は a を**含む**ともいい，記号で

$$a \in A \quad \text{または} A \ni a$$

と書く．そしてこのことの否定を

$$a \notin A \quad \text{または} A \not\ni a$$

と書く．

集合が要素を一つも含まない場合でも，これを一つの集合と見なして**空集合**という．空集合は ϕ という記号で表す．

集合はその要素が満たす条件を与えることによって定まる．物 a が条件 C を満たすことを $C(a)$ と書けば，条件 C によって定まる集合を

$$\{a | C(a)\}$$

と書く．また物 $a, b, c, \cdots, z$ から作られている集合を

$$\{a, b, c, \cdots, z\}$$

と書く．

二つの集合が全く同じ要素から作られているとき，この二つの集合は**等しい**という．二つの集合 A, B が等しいことを記号で

$$A = B$$

と書き，このことの否定を

$$A \neq B$$

と書く.

　例 1　自然数全体の集りは一つの集合である. この本では自然数全体の集合を N で表す. $n \in N$ は n が一つの自然数であることを意味する.

　例 2　{$a|a$ は素数である} $\not\ni 0$

　例 3　{$x|x \in N$ かつ $x^2 = -1$} $= \phi$

　例 4　{$z|z$ は $z^2 = 4$ を満たす整数である} $= \{2, -2\}$
　有限個の要素から作られている集合を**有限集合**といい, 有限集合でない集合を**無限集合**という.

　例 5　100 の約数全体の集合は有限集合であり, 自然数全体の集合は無限集合である.
　二つの集合 A, B に対して, A のすべての要素が B に属するとき, A は B の**部分集合**である. または A は B に**含まれる**といい, 記号で

$$A \subset B \text{ または } B \supset A$$

と書く. また二つの集合 A, B に対して, $A \subset B$ かつ $A \neq B$ であるとき, A は B の**真部分集合**であるという.
　なお, 空集合は任意の集合に含まれると約束する. したがって A がどんな集合であっても $\phi \subset A$ である.
　次の命題は二つの集合が等しいことを示すのに用いられる.

（1.1）　『二つの集合 A, B に対して, $A = B$ であるための必要十分条件は $A \subset B$ かつ $B \subset A$ である』.

　実際，$A = B$ なら A と B は同じ要素から作られているから A の要素は B に属し，B の要素は A に属する．ゆえに $A \subset B$ かつ $B \subset A$．逆に $A \subset B$ かつ $B \subset A$ なら初めの関係より A の要素は B の要素であり，後の関係より B の要素は A の要素である．したがって A と B は同じ要素から作られている．よって $A = B$．（この証明は A, B の少くとも一方が空集合でない場合のものである．たとえば $A = \phi$ の場合の証明はどうなるか，考えてみよ．）

　注意を一つ述べておく．いま定義したように集合 A が集合 B の部分集合であるというのは，A のすべての要素が B に属することであった．では「A が B の部分集合でない」とはどういうことであるか．それは『A の**すべての**要素が B に**属する**』の否定が成り立つこと，つまり『A の**ある**要素は B に**属さない**』言い換えれば『$a \in A$ かつ $a \notin B$ となる要素 a が**存在する**』が成り立つことである．したがって A が B の部分集合でないことを示すには，$a \in A$ かつ $a \notin B$ となる要素 a が存在することをいえばよい．

　例 6　いま奇数全体の集合を A，整数全体の集合を B で表せば，$A \subset B, A \neq B$ つまり A は B の真部分集合である．なぜなら，奇数は一つの整数であるから $A \subset B$．$0 \in B, 0 \notin A$ だから $B \subset A$ でない．よって $A \neq B$．

　例 7　$L = \{1, 2, 3\}, M = \{2, 3, 4\}$ とおくと，L は M の部分集合でない．なぜなら，$1 \in L$ であるが，$1 \notin M$ だからである．

　二つの集合 A, B に対して，A または B の少くとも一方に属する要素全体の集合を A と B の**和集合**といい，記号で

$$A \cup B$$

と書く．すなわち

$$A \cup B = \{x | x \in A \text{または} x \in B\}.$$

また，A, B の両方に属する要素全体の集合を A と B の**共通集合**といい，記号で

$$A \cap B$$

と書く．すなわち

$$A \cap B = \{x | x \in A \text{かつ} x \in B\}.$$

さらに，A には属するが B には属さない要素全体の集合を A と B の**差集合**といい，記号で

$$A - B$$

と書く．すなわち

$$A - B = \{x | x \in A \text{かつ} x \notin B\}.$$

例 8　$A = \{n | n \in \boldsymbol{N}, n\text{は}20\text{の約数である}\}$
　　　$B = \{n | n \in \boldsymbol{N}, n\text{は}15\text{の約数である}\}$

とおくと，

$$A \cup B = \{1, 2, 3, 4, 5, 10, 15, 20\}$$
$$A \cap B = \{1, 5\}$$
$$A - B = \{2, 4, 10, 20\}$$
$$B - A = \{3, 15\}.$$

　一つの集合 E が与えられ，E の部分集合だけを考えることがある．このとき E を**全体集合**といい，E の部分集合 A に対して E と A の差集合 $E - A$ を A の**補集合**という．A の補集合を記号で

$$A^c$$

と書く．すなわち E が全体集合で $A \subset E$ のとき

$$A^C = \{x | x \in E \text{かつ} x \notin A\}.$$

例9 整数全体の集合を全体集合にとり，

$$A = \{n | n \text{は偶数である}\}$$

$$B = \{n | n \text{は奇数である}\}$$

$$P = \{n | n \text{は正の整数である,}$$

$$Q = \{n | n \text{は0または負の整数である}\}$$

とおくと，$A^C = B, P^C = Q, B^C = A, Q^C = P$ である．

よく知られているように和集合，共通集合，差集合，補集合はベン図で表される（図1）.

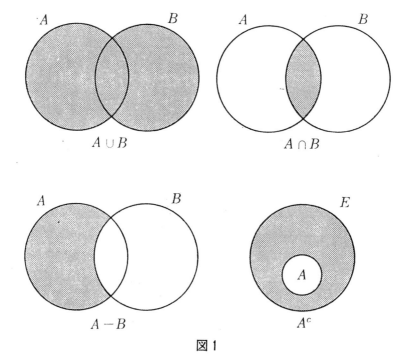

図1

　ベン図はこれらの概念を直観的に理解するのに確かに便利である．しかし集合の相等関係 $A = B$ や包含関係 $A \subset B$ などの証明は「要素」を用いてきちんとやらなければならない．ベン図では証明にならない．

　さて，E を全体集合，A, B, C を E の部分集合とすると，集合の基本演算 $\cup, \cap, {}^C$ について次の法則が成り立つ．

（**1.2**）　　『(1)　$A \cup B = B \cup A$
　　　　　　　(1′)　$A \cap B = B \cap A$　　　　　　　　　　（交換法則）
　　　　　　　(2)　$(A \cup B) \cup C = A \cup (B \cup C)$
　　　　　　　(2′)　$(A \cap B) \cap C = A \cap (B \cap C)$　　　　　（結合法則）
　　　　　　　(3)　$A \cap (B \cup C) = (A \cap B) \cup (A \cap C)$
　　　　　　　(3′)　$A \cup (B \cap C) = (A \cup B) \cap (A \cup C)$　　（分配法則）
　　　　　　　(4)　$(A \cup B)^C = A^C \cap B^C$
　　　　　　　(4′)　$(A \cap B)^C = A^C \cup B^C$　　（ド・モルガンの法則）
　　　　　　　(5)　$A \cup A^C = E$
　　　　　　　(5′)　$A \cap A^C = \phi$
　　　　　　　(6)　$A \cup A = A$
　　　　　　　(6′)　$A \cap A = A$
　　　　　　　(7)　$A \cup \phi = A$
　　　　　　　(7′)　$A \cap E = A$
　　　　　　　(8)　$E^C = \phi$
　　　　　　　(8′)　$\phi^C = E$
　　　　　　　(9)　$\left(A^C\right)^C = A$　　』．

　この命題の証明を述べる前にここで論理記号 $\Longleftrightarrow, \Longrightarrow$ を導入しておこう．この記号は今後も使用する．命題 P と命題 Q が同値であること，言い換えると P であるための必要十分条件は Q であることを記号で $P \Longleftrightarrow Q$ と書き表す．また命題 P から命題 Q が導かれること，言い換えると P であるための必要条件は Q である（あ

るいは Q であるための十分条件は P である）ことを記号で $P \Longrightarrow Q$ に書くことにする．なお記号の適切な使用は記述を簡潔にするばかりでなく，論点を明確にするのにも役立つ．

上の（3）と（4′）を証明してみよう．残りは読者の演習問題とする．

（3′）の証明．

$$x \in A \cup (B \cap C) \Longleftrightarrow x \in A \text{ または } x \in B \cap C$$
$$\Longleftrightarrow x \in A \text{ または } (x \in B \text{ かつ } x \in C)$$
$$\Longleftrightarrow (x \in A \text{ または } x \in B) \text{ かつ } (x \in A \text{ また}$$
$$\text{ は } x \in C)$$
$$\Longleftrightarrow x \in A \cup B \text{ かつ } x \in A \cup C$$
$$\Longleftrightarrow x \in (A \cup B) \cap (A \cup C).$$

（4′）の証明．

$$x \in (A \cap B)^C \Longleftrightarrow x \in E - (A \cap B)$$
$$\Longleftrightarrow x \in E \text{ かつ } x \notin A \cap B$$
$$\Longleftrightarrow x \in E \text{ かつ } (x \notin A \text{ または } x \notin B)$$
$$\Longleftrightarrow x \in E \text{ かつ } (x \in A^C \text{ または } x \in B^C)$$
$$\Longleftrightarrow (x \in E \text{ かつ } x \in A^C) \text{ または } (x \in E \text{ かつ}$$
$$\Longleftrightarrow x \in B^C)$$
$$\Longleftrightarrow x \in E - A \text{ または } x \in E - B$$
$$\Longleftrightarrow x \in A^C \text{ または } x \in B^C$$
$$\Longleftrightarrow x \in A^C \cup B^C$$

演習用に問題を出しておく．ベン図を使わずにきちんと証明をやってみよ．

問 1　集合 A, B, C に対して

$$A \subset B, B \subset C ならば A \subset C$$

が成り立つことを証明せよ.

問 2　集合 A, B に対して, $A \subset B$ と $A \cap B = A$ は同値であることを証明せよ.

問 3　二つの集合 E, F に対して

$$E \triangle F = (E \cup F) - (E \cap F)$$

と定義し, これを E と F の**対称差**という（図2参照）.

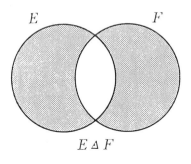

図 2

このように対称差を定義すると, 集合 A, B, C に対して次の等式が成り立つことを証明せよ.

$$A \triangle (B \triangle C) = (A - (B \cup C)) \cup (B - (C \cup A))$$
$$\cup (C - (A \cup B)) \cup (A \cap B \cap C) = (A \triangle B) \triangle C.$$

第 2 章

実　数

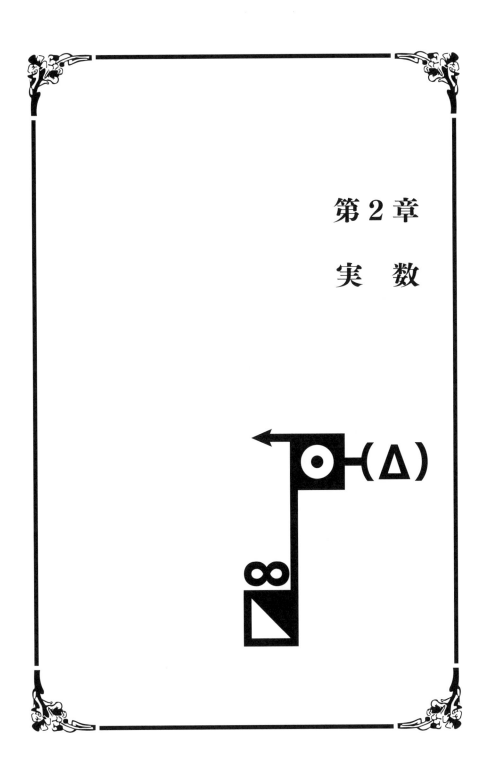

　まえがきで述べたようにこの本で「極限」と「連続」について「実数」を土台にして話をしようというのであるが，この実数には長い間無意識のうちに親しんできているので，『何が実数の特徴なのか』つい見逃しがちである．そこでまずこの章はこの問題についての反省からはじめることにしよう．

　二つの実数 a, b に対して，和 $a+b$，差 $a-b$，積 ab，商 $a \div b$（ただし $b \neq 0$）と呼ばれる実数が一意的に定まり，しかも大小の比較が可能，つまり $a < b$ または $a = b$ または $a > b$ のうちのどれかただ一つだけが成り立つ．このように実数全体の集合 R では加法，減法，乗法，除法のいわゆる四則演算と大小の比較がつねに可能である．

　いま有理数全体の集合 Q を考えてみると，Q は R の真部分集合であるが，二つの有理数の和，差，積，商はやはり有理数で，しかも二つの有理数についてその大小の比較がつねに可能である．言い換えれば有理数全体の集合 Q においても加法，減法，乗法，除法の四則演算と大小の比較が R の場合と全く同じように可能なのである．したがってこの四則演算と大小の比較の可能性という観点からみる限り，有理数と実数の違いはよくわからない．しかしながらたとえば一辺が単位長さの正方形の対角線の長さは有理数で表されないけれども，実数では表せることを考えてみれば有理数と実数は同じではないはずである．

　では有理数と実数の違いをはっきり示す性質は一体何であろうか，答を言うとそれは**連続性**と呼ばれる性質である．すなわち実数はこの連続性という性質をもっているのに有理数はもっていない．そして実数にはこの連続性という性質があるがゆえに実数は「極限」の理論の土台になることができ，この実数の上に解析学の豊かな理論が展開されるのである．

　それでは『実数とは何か』という問題が当然生まれてこよう．しかしここではこの問題に立ち入らないことにして，実数については

実数論で明らかにされた実数の根本性質（法則）を列挙するにとどめ，以後それを前提にして（つまり『公理』として）議論を進めることにしよう．

　さて実数全体の集合 $\boldsymbol{R}$ のもつ根本性質は次の通りである．

実数の根本性質（公理）

　実数全体の集合 $\boldsymbol{R}$ には加法，乗法および大小の関係が定義されており，それらは以下の [1] から [15] までの条件を満たしている．

　加法　$\boldsymbol{R}$ の任意の二つの要素 x, y に対して，x と y の**和**と呼ばれる $\boldsymbol{R}$ の要素 z が一意的に定まる．記号で $z = x + y$ と書く．

　乗法　$\boldsymbol{R}$ の任意の二つの要素 x, y に対して，x と y の**積**と呼ばれる $\boldsymbol{R}$ の要素 w が一意的に定まる．記号で $w = xy$（または $w = x \cdot y$）と書く．

　大小の関係　$\boldsymbol{R}$ の任意の二つの要素 x, y に対して $x \leqq y$ または $y \leqq x$ の少なくとも一つが成り立つような大小の関係 $\leqq$ が定義される．

Ⅰ　加法と乗法

　[1]　$\boldsymbol{R}$ の任意の要素 x, y に対して

$$x + y = y + x$$

が成り立つ（加法の交換法則）．

　[2]　$\boldsymbol{R}$ の任意の要素 x, y, z に対して

$$x + (y + z) = (x + y) + z$$

が成り立つ（加法の結合法則）．

　[3]　$\boldsymbol{R}$ には**零**と呼ばれる特別な要素 0 がただ一つ存在して，

R の任意の要素 x に対して

$$0 + x = x$$

が成り立つ（零の存在）.

[4] R のおのおのの要素 x に対して

$$x + (-x) = 0$$

となるような R の要素 x がただ一つ存在する.

[5] R の任意の要素 x, y に対して

$$xy = yx$$

が成り立つ（乗法の交換法則）.

[6] R の任意の要素 x, y, z に対して

$$x(yz) = (xy)z$$

が成り立つ（乗法の結合法則）.

[7] R には**単位**と呼ばれる特別な要素 $1(\neq 0)$ がただ一つ存在して，R の任意の要素 x に対して

$$1x = x$$

が成り立つ（単位の存在）.

[8] R のおのおのの要素 $x \neq 0$ に対して

$$x\frac{1}{x} = 1$$

となるような R の要素 $\dfrac{1}{x}$ がただ一つ存在する.

[9] R の任意の要素 x, y, z に対して

$$x(y + z) = xy + xz$$

が成り立つ（分配法則）．

II　大小の関係

[10]　$\boldsymbol{R}$ の任意の要素 x に対して

$$x \leqq x$$

が成り立つ（反射法則）．

[11]　$\boldsymbol{R}$ の要素 x, y について

$$x \leqq y \text{ かつ } y \leqq x \text{ ならば } x = y$$

が成り立つ（反対称法則）．

[12]　$\boldsymbol{R}$ の要素 x, y, z について

$$x \leqq y \text{ かつ } y \leqq z \text{ ならば } x \leqq z$$

が成り立つ（推移法則）．

[13]　$\boldsymbol{R}$ の要素 x, y について

$$x \leqq y \text{ ならば } \boldsymbol{R} \text{ の任意の要素 } z \text{ に対して } x + z \leqq y + z$$

が成り立つ．

[14]　$\boldsymbol{R}$ の要素 x, y について

$$0 \leqq x \text{ かつ } 0 \leqq y \text{ ならば } 0 \leqq xy$$

が成り立つ．

III　実数の連続性

A を $\boldsymbol{R}$ の部分集合とする．このとき $\boldsymbol{R}$ の要素 z で，A のどの要素 x に対しても $x \leqq z$ となるものが存在するならば，A は**上に有界**であるといい，このような z を A の**上界**という．また A を $\boldsymbol{R}$ の上に有界な部分集合とするとき，s が A の上界で，A のどの

16

上界 z に対しても $s \leqq z$ となるならば，s は A の**上限**であるという．

　[15]　空集合でないすべての上に有界な $\boldsymbol{R}$ の部分集合に対してその集合の上限が必ず存在する．

　これが実数論によって明らかにされた実数の本性である．実数の世界のさまざまな現象も究極的にはこれらの性質だけに基づいて起っているといえる．中学校や高等学校で学んだ実数についてのいろいろの定理は全部これらの性質から導き出せるのである．[15] 以外は実数の加減乗除の計算や不等式の根本性質をまとめたものでよく知られているものばかりである．

　ところで次のことに注意しておく．さきにその意義を強調した実数の連続性とは [15] の性質である．有理数全体の集合 $\boldsymbol{Q}$ に限定するとこの [15] が成り立たないのである．またこの連続性の言い表し方には別の形のものがある．これらについてはあとで述べることにする．

　さてこれから実数に関する基本的な事柄を実数のこれらの根本性質だけから論理的に導いてみよう．論理を大切にして丁寧に述べるつもりであるから，わずらわしくてやりきれぬ点もあるかもしれないが証明の過程に注意を払いながら根気よく読んでみられたい．

　まず最初に加法と乗法の根本性質 [1]〜[9] だけから導かれる結果を述べよう．それらは読者にとって周知のものばかりである．

　x を $\boldsymbol{R}$ の要素とするとき，[4] によって $\boldsymbol{R}$ の要素 $-x$ がただ一つ存在する．y を $\boldsymbol{R}$ のいま一つの要素とするとき，y と $-x$ の和 $y+(-x)$ が定まる．この $\boldsymbol{R}$ の要素を $y-x$ と書く．すなわち

$$y - x = y + (-x)$$

　（**2.1**）　『$\boldsymbol{R}$ の任意の要素 x, y に対して，$-(x+y) = -x-y$』．実際，$(x+y) + (-x-y) = (x+y) + (-x+(-y))$

$$(\because \text{定義})$$
$$= (y + x) + (-x + (-y)) \quad (\because [1])$$
$$= y + (x + (-x + (-y))) \quad (\because [2])$$
$$= y + ((x + (-x)) + (-y)) \quad (\because [2])$$
$$= y + (0 + (-y)) \quad (\because [4])$$
$$= y + (-y) \quad (\because [3])$$
$$= 0 \quad (\because [4])$$

ゆえに [4] によって

$$-(x + y) = -x - y.$$

(**2.2**)　『$\boldsymbol{R}$ の二つの要素 x, y が与えられたとき，z についての方程式

$$x + z = y \tag{1}$$

は $\boldsymbol{R}$ の中にただ一つの解 $y - x$ をもつ』.

実際，もし (1) が解 $z \in \boldsymbol{R}$ をもつならば，$-x$ をこの等式の両辺に加えると

$$-x + (x + z) = -x + y$$
$$(-x + x) + z = y + (-x) \quad (\because [2], [1])$$
$$(x + (-x)) + z = y - x \quad (\because [1], y - x \text{ の定義})$$
$$0 + z = y - x \quad (\because [4])$$
$$z = y - x \quad (\because [3])$$

よって (1) が $\boldsymbol{R}$ の中に解をもつならばそれは $y - x$ 以外の要素ではない.

逆に $z = y - x$ とおくと, $z \in \boldsymbol{R}$ で

$$
\begin{aligned}
x + z &= x + (y - x) \\
&= x + (y + (-x)) \quad (\because y - x \text{ の定義}) \\
&= x + (-x + y) \quad (\because [1]) \\
&= (x + (-x)) + y \quad (\because [2]) \\
&= 0 + y \quad (\because [4]) \\
&= y \quad (\because [3])
\end{aligned}
$$

$$\therefore x + z = y.$$

よって $y - x$ は (1) の $\boldsymbol{R}$ における解である.

以上によって (1) は $\boldsymbol{R}$ の中にただ一つの解 $y - x$ をもつ.

この (2.2) は $\boldsymbol{R}$ において**減法**が可能で, その結果は $y - x$ で一意的に与えられることを示している. それで $y - x$ を y と x の**差**と呼ぶ.

こんどは「除法」と「商」について考えよう. x を $\boldsymbol{R}$ の要素で $x \neq 0$ とする. そうすると [8] によって $\boldsymbol{R}$ の要素 $\dfrac{1}{x}$ がただ一つ存在する. y を $\boldsymbol{R}$ のいま一つの要素とすると, y と $\dfrac{1}{x}$ の積 $y\dfrac{1}{x}$ が定まる. この $\boldsymbol{R}$ の要素を $\dfrac{y}{x}$ と書く. すなわち

$$\frac{y}{x} = y\frac{1}{x}.$$

(**2.3**) 『$\boldsymbol{R}$ の二つの要素 $x \neq 0$ と y が与えられたとき, z についての方程式

$$xz = y \tag{2}$$

は $\boldsymbol{R}$ の中にただ一つの解 $\dfrac{y}{x}$ をもつ』.

実際, もし (2) が解 $z \in \boldsymbol{R}$ をもつならば, $\dfrac{1}{x}$ を (2) 式の両辺に

乗ずると

$$\frac{1}{x}(xz) = \frac{1}{x}y.$$
$$\frac{1}{x}(xz) = \left(\frac{1}{x}x\right)z = \left(x\frac{1}{x}\right)z = 1z = z$$
$$(\because [6], [5], [8], [7])$$
$$\frac{1}{x}y = y\frac{1}{x} = \frac{y}{x}$$
$$(\because [5], \frac{y}{x} \text{ の定義})$$
$$\therefore \quad z = \frac{y}{x}.$$

　よって（2）が $\boldsymbol{R}$ の中に解をもつならばそれは $\frac{y}{x}$ 以外の要素ではない.

　逆に $z = \frac{y}{x}$ とおくと, $z \in \boldsymbol{R}$ で

$$xz = x\left(\frac{y}{x}\right) = x\left(y\frac{1}{x}\right) = (xy)\frac{1}{x}$$
$$= (yx)\frac{1}{x} = y\left(x\frac{1}{x}\right) = y1 = 1y = y$$
$$(\because \frac{y}{x} \text{ の定義, } [6], [5], [6], [8], [5], [7])$$
$$\therefore xz = y.$$

　よって $\frac{y}{x}$ は（2）の $\boldsymbol{R}$ における解である.

　以上によって（2）は $\boldsymbol{R}$ の中にただ一つの解 $\frac{y}{x}$ をもつ.

　この（2.3）は $\boldsymbol{R}$ において**除法**が可能で, その結果は $\frac{y}{x}$ で一意的に与えられることを示している. それで $\frac{y}{x}$ を y と x の**商**と呼ぶ.

　二つの実数の積が 0 になるのは二つのうちの少なくとも一方が 0 になるときでしかもそのときだけである. このことを導いてみよう.

　（2.4）　『$\boldsymbol{R}$ の任意の要素 x に対して, $0x = 0$』.

なぜなら，$0x + 1x = x0 + x1 = x(0 + 1)$
$$= x1 = 1x = x$$
$$(\because [5],[9],[3],[5],[7])$$
他方　　　$0x + 1x = 0x + x = x + 0x$
$$(\because [7],[1])$$
$$\therefore x + 0x = x$$

ゆえに（2.2）によって，$0x = x - x = x + (-x) = 0$（$\because$ 差の定義，[4]）．

$$\therefore 0x = 0.$$

(2.5)　『x, y を $\boldsymbol{R}$ の要素とする．このとき
$$xy = 0 \text{ ならば } x = 0 \text{ または } y = 0 』.$$
なぜなら，$x \neq 0$ とすれば，$1 = x\dfrac{1}{x}$ であるから

$$y = 1y = \left(x\frac{1}{x}\right)y = \left(\frac{1}{x}x\right)y = \frac{1}{x}(xy)$$
$$= \frac{1}{x}0 = 0\frac{1}{x} = 0.$$

最後の等式は（2.4）による．ゆえに $y = 0$．

　次に大小の関係について考えよう．大小の関係というのはいわゆる不等号で表される関係のことである．しかしながらこの大小の関係に根ざした概念を用いて実数の連続性の概念が数学的にきちんと述べられること，つまり連続性が「定式化」されることに注意しておく．

　はじめに「大きい」あるいは「小さい」という概念を定義しよう．

　$\boldsymbol{R}$ の二つの要素 x, y に対して

$$x < y \text{ とは } x \neq y \text{ かつ } x \leqq y \text{ が成り立つ}$$

ことと定義し，このとき x は y より**小さい**あるいは y は x より**大きい**という．またそれぞれ $x \leqq y$ を $y \geqq x$，$x < y$ を $y > x$ とも書く．

このように定義すると

$$『x \leqq y \Longleftrightarrow x < y \text{ または } x = y』$$

となる．というのは $x \leqq y$ のとき $x \neq y$ なら $<$ の定義によって $x < y$, 逆に $x < y$ または $x = y$ のとき $x < y$ ならやはり $<$ の定義によって $x \leqq y$ であり，$x = y$ なら反射法則 [10] によって $x \leqq y$ が得られるからである．したがって $x \leqq y$ は x が y より小さい（y が x より大きい）かまたは x と y は等しいことを意味する．また $x < y$ ならば，$x < y$ または $x = y$ であるから，いま示したことによって

$$『x < y \Longrightarrow x \leqq y』$$

となることが分る．

（2.6）　　『R の任意の二つの要素 x, y に対して

$$x < y \text{ または } x = y \text{ または } y < x$$

のうちのどれか一つだけが必ず成り立つ』．

　（証明）$x = y$ か $x \neq y$ のどれか一つだけが成り立つ．$x = y$ のとき，$<$ の定義から $x < y$ も $y < x$ も両方とも成り立たない．$x \neq y$ の場合を考える．$\leqq$ の定義によって $x \leqq y$ か $y \leqq x$ の少なくとも一つが成り立つ．他方 $x \neq y$ であるから反対称法則 [11] によって $x \leqq y$ か $y \leqq x$ のすくなくとも一つは成り立たない．したがって $x \leqq y$ か $y \leqq x$ のどれか一つだけが成り立つ．$x \leqq y$ なら $x < y$ で $y < x$ は成り立たない．$y \leqq x$ なら $y < x$ で $x < y$ は成り立たない．（終）

　この（2.6）は大小の比較が可能なことを示している．いま R の要素 x に対して，$x > 0$ のとき x は**正**であるといい，$x < 0$ のとき x

は**負**であるということにすれば，この結果によって R の 0 以外の要素は正であるか負であるかどちらかである．またこれから

$$『x \leqq y \text{ でない } \Longleftrightarrow x > y』$$
$$『x < y \text{ でない } \Longleftrightarrow x \geqq y』$$

が得られる．

なおここで論理について一つ注意をしておく．P, Q を命題とするとき，「P または Q」の否定は「P でなくかつ Q でない」であり，「P かつ Q」の否定は「P でないかまたは Q でない」である．よく知っていることと思うが念のため．

さて，こんどは大小の関係に関する結果を導いてみよう．ここでは $x, y, z, \cdots$ などの文字はすべて R の要素を表すものとする．

(**2.7**)　『$x \leqq y,\ y \leqq z,\ x = z$ ならば $x = y = z$』．

実際，$y \leqq z, x = z$ から $y \leqq x.$ $x \leqq y$ であるから反対称法則 [11] によって $x = y.$ よって $x = y = z.$

(**2.8**)　『$x \leqq y,\ y < z$ ならば $x < z.$
　　　　　$x < y,\ y \leqq z$ ならば $x < z$』．

実際，まず $y < z$ だから $y \leqq z.$ $x \leqq y$ と推移法則 [12] によって $x \leqq z.$ $x \neq z$ を示したい．背理法を用いる．$x = z$ であるとしよう．すると $x \leqq y, y \leqq z, x = z$ となるから (2.7) によって $x = y = z.$ 当然 $y = z.$ これは $y < z$ に反する．ゆえに $x \neq z.$ よって $x < z.$ 後半も同様にして証明される．

(**2.9**)　『$x \leqq y$ と $0 \leqq y - x$ は同値である．また $x < y$ と $0 < y - x$ は同値である』．

実際，$x \leqq y$ とすればこの不等式の両辺に $-x$ を加えると [13] によって $x + (-x) \leqq y + (-x).$ $x + (-x) = 0, y + (-x) = y - x$ だから

$0 \leqq y - x$. 逆に $0 \leqq y - x$ とすれば両辺に x を加えることによって $x \leqq y$ が得られる. 後半の証明は次の通りである. $x < y \Leftrightarrow x \leqq y$ かつ $x \neq y \Leftrightarrow 0 \leqq y - x$ かつ $0 \neq y - x \Leftrightarrow 0 < y - x$. ここで『$x \neq y \Leftrightarrow 0 \neq y - x$』すなわち『$x = y \Leftrightarrow 0 = y - x$』を使った.

（**2.10**）　『$x < y$ ならば任意の z に対して $x + z < y + z$ である』.

なぜなら, $(y + z) - (x + z) = (y + (z - z)) - x = (y + 0) - x = y - x$. $x < y$ だから（2.9）によって $y - x > 0$. ゆえに $(y + z) - (x + z) > 0$. 再び（2.9）によって $x + z < y + z$.

（**2.11**）　『$x \leqq y, z \leqq w$ ならば $x + z \leqq y + w$.
　　　　　$x < y, z \leqq w$ ならば $x + z < y + w$』.

前半の証明. まず $x \leqq y$ と [13] によって $x + z \leqq y + z$. $z \leqq w$ と [13] から $y + z \leqq y + w$. したがって推移法則 [12] を用いて $x + z \leqq y + w$ が得られる. 後半の証明. $x < y$ と（2.10）によって $x + z < y + z$. これより $y + z \leqq y + w$ に注意して（2.8）を用いると $x + z < y + w$.

（**2.12**）　『$x \leqq y, 0 < z$ ならば $xz \leqq yz$.
　　　　　$x < y, 0 < z$ ならば $xz < yz$』.

実際, $yz - xz = (y - x)z$. $x \leqq y$ なら $y - x \geqq 0$. 一方 $z > 0$, したがって $z \geqq 0$. [14] によって $(y - x)z \geqq 0$. ゆえに $yz - xz \geqq 0$. よって $xz \leqq yz$. $x < y$ なら $y - x > 0$. だから $y - x \neq 0$. $z > 0$ だから $z \neq 0$. ゆえに（2.5）によって $(y - x)z \neq 0$. このことに注意すれば $yz - xz > 0$ が得られ, $xz < yz$ となる.

（**2.13**）　『$x \leqq y$ と $-y \leqq -x$ は同値であり, $x < y$ と $-y < -x$ は同値である』.

なぜなら,『$-(-x) = x$』であるから, $(-x) - (-y) = -x + y = y - x$.

したがって $x \leqq y \iff 0 \leqq y - x \iff 0 \leqq (-x) - (-y) \iff -y \leqq -x$.
ここで $\leqq$ を $<$ で置きかえれば後半が得られる.

(2.14) 『$x \leqq 0, y \geqq 0$ ならば $xy \leqq 0$.
　　　　　$x \leqq 0, y \leqq 0$ ならば $xy \geqq 0$.
　　　　　$x > 0, y > 0$ ならば $xy > 0$.
　　　　　$x < 0, y > 0$ ならば $xy < 0$.
　　　　　$x < 0, y < 0$ ならば $xy > 0$』.

実際, 最初の命題では $x \leqq 0$ だから (2.13) によって $-x \geqq 0$. $y \geqq 0$ だから [14] によって $(-x)y \geqq 0$. ところが $(-x)y = ((-1)x)y = (-1)(xy) = -xy$. したがって $-xy \geqq 0$. ゆえに (2.13) によって $xy \leqq 0$. 二番目では $y \leqq 0$ であるから $-y \geqq 0$. したがって $x \leqq 0$ と最初の命題によって $x(-y) \leqq 0$. $x(-y) = -xy$ だから, $-xy \leqq 0$. ゆえに $xy \geqq 0$. 三番目は (2.12) の後半で x を 0, y を x, z を y でそれぞれ置き換えればただちに得られる. 残りの二つの命題ははじめ二つの命題の場合と同じようにして証明される.

(2.15) 『$x \neq 0$ ならば $x^2 > 0$. ここに $x^2 = xx$』.
実際, $x \neq 0$ だから (2.6) によって, $x > 0$ または $x < 0$ である. $x > 0$ なら (2.14) の三番目の命題, $x < 0$ なら最後の命題によって $xx > 0$ となる.

(2.16) 『$0 < x < y$ ならば $0 < \dfrac{1}{y} < \dfrac{1}{x}$』.
まず『$0 < x$ ならば $0 < \dfrac{1}{x}$』を示す. 実際, $0 < \dfrac{1}{x}$ でないとすれば $\dfrac{1}{x} \leqq 0$ となるから (2.14) によって $x\dfrac{1}{x} \leqq 0$. 他方 $x\dfrac{1}{x} = 1 = 1^2 > 0$. したがって (2.8) により $0 < 0$. ゆえに $0 \neq 0$. これは矛盾である. よって $0 < \dfrac{1}{x}$ である. さて, $0 < x < y$ ならばいま証明した

ことによって $0 < \dfrac{1}{x}, 0 < \dfrac{1}{y}$ である．そうすると $0 < \dfrac{1}{x}$ と $x < y$ とから $x\dfrac{1}{x} < y\dfrac{1}{x}$．ゆえに $1 < \dfrac{1}{x}y$．こんどは $0 < \dfrac{1}{y}$ と $1 < \dfrac{1}{x}y$ から $1\dfrac{1}{y} < \left(\dfrac{1}{x}y\right)\dfrac{1}{y} = \dfrac{1}{x}\left(y\dfrac{1}{y}\right) = \dfrac{1}{x}1 = \dfrac{1}{x}$．よって $\dfrac{1}{y} < \dfrac{1}{x}$．

次の命題は有用でよく使われる．

（**2.17**）　『いま $a \geqq 0$ が与えられたとする．このときどんな $x > 0$ に対しても $a < x$ となるならば，$a = 0$ である』．

（証明）背理法による．$a \neq 0$ とすれば，$a \geqq 0$ だから $a > 0$．ところがどんな $x > 0$ に対しても $a < x$ となるのであるから，特に $a < a$ とならなければならない．したがって $a \neq a$ とならなければならない．これは矛盾である．よって $a = 0$ である．（終）

次に「絶対値」について述べよう．前にも注意したように $\boldsymbol{R}$ の要素は零であるか正であるか負であるかこのうちのどれかである．したがって x が $\boldsymbol{R}$ のどんな要素であっても，$x = 0$ か $x > 0$ か $x < 0$ かこのうちのどれかが必ず成り立つのであるから，それぞれ

$$x = 0 \quad \text{のときは} \quad |x| = 0$$
$$x > 0 \quad \text{のときは} \quad |x| = x$$
$$x < 0 \quad \text{のときは} \quad |x| = -x$$

とおけば，$|x|$ は $\boldsymbol{R}$ のすべての要素 x に対して定まる．この $|x|$ を x の**絶対値**という．定義から分るように，x の絶対値 $|x|$ は $\boldsymbol{R}$ の要素である．この絶対値は極限や連続の理論を展開するときに大変重要な役割を演ずるのである．

定義から容易に分るように

（**2.18**）　『$\boldsymbol{R}$ の任意の要素 x に対して $x \leqq |x|$ である』．

実際，$x \geqq 0$ ならば $x = |x|$．ゆえに $x \leqq |x|$．$x < 0$ ならば，

26

$0 < -x,\ -x = |x|$ だから $0 < |x|$. したがって $x < 0$ と (2.8) によって $x < |x|$. ゆえに $x \leqq |x|$. よって x が $\boldsymbol{R}$ のどんな要素であっても $x \leqq |x|$.

また

(2.19) 　『$\boldsymbol{R}$ の任意の x に対して $|x| = |-x|$ である』.

実際, $x = 0$ のときは $|x| = 0, |-x| = 0$. $x > 0$ のときは, $-x < 0$ だから, $|x| = x$ で, $|-x| = -(-x) = x$. $x < 0$ のときは, $-x > 0$ だから, $|x| = -x$ で, $|-x| = -x$. 以上によって $|x| = |-x|$.

さて絶対値の基本性質を述べよう.

定理 2.1. 　（**絶対値の基本性質**）　$\boldsymbol{R}$ の要素 x の絶対値 $|x|$ は $\boldsymbol{R}$ の要素で, 次の条件を満たす.

(1)　$|x| \geqq 0$. そして $|x| = 0$ になるのは $x = 0$ のときしかもそのときだけである.

(2)　$\boldsymbol{R}$ の任意の二つの要素 x, y に対して

$$|xy| = |x||y|$$

が成り立つ.

(3)　$\boldsymbol{R}$ の任意の二つの要素 x, y に対して

$$|x + y| \leqq |x| + |y|$$

が成り立つ.

（証明）$x \in \boldsymbol{R}$ に対して $|x| \in \boldsymbol{R}$ となることはさきに注意しておいた.

(1) の証明. $x \in \boldsymbol{R}$ について $x \geqq 0$ ならば $|x| = x \geqq 0$. $x < 0$ な

らば $-x > 0$ であるから $|x| = -x > 0$. よって $|x| \geqq 0$ である. これ
で (1) の前半が示された. 次に (1) の後半の証明を与えよう. は
じめに, $|x| = 0$ になるのは $x = 0$ のときであるということ, すな
わち $x = 0$ ならば $|x| = 0$ であることを示そう. これは定義によっ
て $x = 0$ のときは $|x| = 0$ とおいたことから得られる. こんどは
$|x| = 0$ になるのは $x = 0$ のときだけであるということ, すなわち
$|x| = 0$ ならば $x = 0$ であることを示そう. $x \neq 0$ ならば $x > 0$ また
は $x < 0$ である. $x > 0$ なら $|x| = x > 0$. $x < 0$ なら $|x| = -x > 0$.
したがってどちらにしても $|x| > 0$ であるから $|x| \neq 0$. よって
$x \neq 0$ ならば $|x| \neq 0$ である. すなわち $|x| = 0$ ならば $x = 0$ である
という命題がその「対偶」をとることによって証明された. これで
$|x| = 0$ になるのは $x = 0$ のときしかもそのときだけであることが
証明された.

　(2) の証明. (i) $x \geqq 0$, $y \geqq 0$　(ii) $x \geqq 0$, $y < 0$　(iii) $x < 0$, $y < 0$
の三つの場合について証明すればよい. (i) の場合. $x \geqq 0$, $y \geqq 0$
であるから $xy \geqq 0$, $|x| = x$, $|y| = y$ である. これから $|xy| = xy =$
$|x\|y|$ となる. (ii) の場合. $x \geqq 0$, $y < 0$ であるから $xy \leqq 0$, $|x| =$
x, $|y| = -y$ である. これから $|xy| = -(xy) = x(-y) = |x\|y|$ と
なる. (iii) の場合. $x < 0$ だから $-x > 0$. $-x > 0$, $y < 0$ に対
して (ii) の場合を適用すると $|(-x)y| = |-x\|y|$ となる. 他方
(2.19) によって $|xy| = |-(xy)| = |(-x)y|$, $|-x| = |x|$ であるから,
$|xy| = |x\|y|$ が得られる. これで (2) の証明がすんだ.

　(3) の証明. $x + y \geqq 0$ の場合と $x + y < 0$ の場合にわけて証明す
る. まえの場合. まず (2.18) によって $x \leqq |x|$, $y \leqq |y|$. したがっ
て (2.11) によって $x + y \leqq |x| + |y|$. 他方いまの場合 $x + y \geqq 0$
だから $|x + y| = x + y$. よって $|x + y| \leqq |x| + |y|$. あとの場合
は, $-x \leqq |-x|$, $-y \leqq |-y|$ と $|-x| = |x|$, $|-y| = |y|$ に注意すれ
ば, まえの場合と同じようにして $|x + y| = -(x + y) = -x - y \leqq$
$|-x| + |-y| = |x| + |y|$. よってこの場合も $|x + y| \leqq |x| + |y|$ とな

る.

これで定理の証明が全部すんだ. (終)

絶対値に関する結果をもう少しあげておく. まず

（**2.20**）　『R の任意の二つの要素 x, y に対して

$$|x - y| = 0 \quad と \quad x = y,$$
$$|x - y| > 0 \quad と \quad x \neq y$$

はそれぞれ同値である』.

これは定理 2.1 の (1) による. 実際, $|x-y| = 0 \Leftrightarrow x-y = 0 \Leftrightarrow$ $x = y$. また $|x-y| \geqq 0$ に注意すると, $|x-y| > 0 \Leftrightarrow |x-y| \neq$ $0 \Leftrightarrow x - y \neq 0 \Leftrightarrow x \neq y$.

（**2.21**）　『R の任意の要素 x に対して

$$-|x| \leqq x \leqq |x|$$

が成り立つ』.

実際, (2.18) によって $x \leqq |x|$ である. 次に (2.18) と (2.19) によって $-x \leqq |-x| = |x|$ となる. ゆえに $-x \leqq |x|$. よって $-|x| \leqq x$ となる.

（**2.22**）　『$a > 0$ とする. このとき

$$|x| \leqq a \quad と \quad -a \leqq x \leqq a,$$
$$|x| < a \quad と \quad -a < x < a$$

はそれぞれ同値である』.

実際, $|x| \leqq a$ とする. (2.18) を用いると $x \leqq |x| \leqq a$. ゆえに $x \leqq a$. また一方 (2.18), (2.19) によって $-x \leqq |-x| = |x| \leqq a$. したがって $-x \leqq a$. ゆえに $-a \leqq x$. よって $-a \leqq x \leqq a$ となる.

逆に $-a \leqq x \leqq a$ とする. $x \geqq 0$ ならば $|x| = x \leqq a$. $x < 0$ ならば $-a \leqq x$ より $-x \leqq a$ であるから, $|x| = -x \leqq a$. よって $|x| \leqq a$ となる. あとの $<$ に対する場合も同じようにして証明される.

（**2.23**）　『R の任意の二つの要素 x, y に対して

$$||x| - |y|| \leqq |x - y|$$

が成り立つ』.

実際, $x = y$ の場合はこの不等式の両辺は共に 0 になるからこれは成り立つ. $x \neq y$ の場合はまず（2.20）によって $|x - y| > 0$ に注意する. そうすると, $||x| - |y|| \leqq |x - y|$ を証明するためには, (2.22) によって

$$-|x - y| \leqq |x| - |y| \leqq |x - y|$$

すなわち

$$|y| - |x| \leqq |x - y| \text{と} |x| - |y| \leqq |x - y|$$

が共に成り立つことを証明すればよい. ところで定理 2.1. の（3）から任意の $u, v \in R$ に対して $|u + v| \leqq |u| + |v|$ が成り立つから, この両辺に $-|v|$ を加えて

$$|u + v| - |v| \leqq |u|$$

が得られる. ここで $u = x - y, v = y$ とおくと $u + v = (x - y) + y = x$ だから

$$|x| - |y| \leqq |x - y|$$

となる. また $u = y - x, v = x$ とおくと $u + v = (y - x) + x = y$ だから

$$|y| - |x| \leqq |y - x| = |-(x - y)| = |x - y|$$

となる．よって確かに $|x|-|y| \leqq |x-y|$ と $|y|-|x| \leqq |x-y|$ が成り立つ．

　高校数学を終えた者にとっては常識に属する事柄をさも難しそうに述べているので大分うんざりしたかも知れない．しかし議論の各段階を丹念に分析してみればわかるように，前提としている事実および論理の進め方以外に何ら特別の知識を必要としていない．つまりそこではよく知っている実数の性質がさきにあげた実数の根本性質だけからつぎつぎ論理的に導かれている．このようにそのすべての土台となるわずかな根本的な事実を明らかにし，それだけからつぎつぎに正しい推論をつみ重ねていろいろな興味深い事実をできるだけ多く導きだし，さまざまな問題を解明していくというのが，現代の数学で広く採用されている理論の展開の仕方の一つの形である．この本では実数をもとにしてこのようなやり方で極限や連続について論じてみようというのである．

　さてこんどはいよいよ実数の連続性である．これは繰りかえし言うようにきわめて重要であるが，実は加法，乗法や大小の場合と違ってこの性質の定式化そのものからしてかなりわかりにくい．確かにこれは難物である．しかし避けて通るわけにはいかない．

　ところでよく知っているように実数は直線上の点として表すことができる．このことは集合のベン図の場合と同じように実数に関する事柄を直観的にとらえるのに役立つので，これから説明のときなどに用いることにする．

　ではこれから「上限」および「下限」というひじょうに重要な概念の定義を述べよう．これらの概念の意味はそのうちに明らかになってくるから，いまはとりあえず定義それ自体を十分に理解されたい．というのはこの概念の理解の有無は以後の理解にとって決定的だからである．なお上限については繰り返しになるがもう一度述べることにする．まず集合が「上に有界である」あるいは「下に有界である」という概念の定義からはじめなければならない．

定義　A を $\boldsymbol{R}$ の部分集合とする．このとき $\boldsymbol{R}$ の要素 z で，A の
どの要素 x に対しても $x \leqq z$ となるものが存在するならば，A は**上
に有界**であるといい，このような z を A の**上界**であるという．ま
た，$\boldsymbol{R}$ の要素 z' で，A のどの要素 x に対しても $z' \leqq x$ となるもの
が存在するならば，A は**下に有界**であるといい，このような z' を
A の**下界**であるという．そして A が上にも下にも有界のとき A は
有界であるという．

　言い換えれば $\boldsymbol{R}$ の部分集合が上に有界であるというのはその集
合のどの要素よりも小さくない $\boldsymbol{R}$ の要素が存在することであり，
下に有界であるというのはその集合のどの要素よりも大きくない
$\boldsymbol{R}$ の要素が存在することであり，有界であるというのはどの集合
のどの要素よりも小さくない $\boldsymbol{R}$ の要素とどの要素よりも大きくな
い $\boldsymbol{R}$ の要素が共に存在することである．

　ところで集合 $A(\subset \boldsymbol{R})$ が与えられたとき，

$$『A \text{ のどの要素 } x \text{ に対しても } \quad x \leqq z \text{ である}』$$

すなわち

$$『x \in A \text{ ならば } x \leqq z』$$

を満たす $z \in \boldsymbol{R}$ のことを A の上界というのであるから，A が上に
有界とは A が上界をもつこと，あるいは A の上界が存在すること
であるといってよい．下界の場合についても不等号 $\leqq$ の向きを反
対にすれば同じことがいえる．

　また，$\boldsymbol{R}$ の部分集合 A が上に有界でないとは，$\boldsymbol{R}$ のどんな要素 z
に対しても $z < x$ となる A の要素 x が存在することであり，A が下
に有界でないとは，$\boldsymbol{R}$ のどんな要素 z' に対しても $x < z'$ となる A
の要素 x が存在することである．A が有界でないとは，A は上に有
界でないかまたは下に有界でないことである．上（あるいは下）に
有界であることの否定がいま述べたようになることを示すのに次の
論理を用いる．すなわち

$$『\text{すべての } x \text{ に対して} \cdots\cdots\cdots \text{である}』 \text{ の否定}$$

は

『**ある** x **に対して**…………**でない**』

である．これはまた

『…………**でないような** x **が存在する**』

あるいは

『**ある** x **が存在して**…………**でない**』

のようにも書き表される．ここでもちろん後者の否定は前者である．これにしたがって『上に有界である』ことの否定つまり『上に有界でない』がどのようになるか考えてみよう．

『A が上に有界である』でない

⟺『『A のすべての x に対して $x \leqq z$ である』**であるような** $\boldsymbol{R}$ の要素 z **が存在する**』でない

⟺『$\boldsymbol{R}$ の**すべての**要素 z に対して『A のすべての x に対して $x \leqq z$ である』**でない**』

ところで

『A の**すべての** x に対して $x \leqq z$ **である**』でない

⟺『$x \leqq z$ **でないような** A の x が**存在する**』

⟺『$x > z$ であるような A の x が存在する』

であるから

『A が上に有界である』でない

⟺『$\boldsymbol{R}$ の**すべての**要素 z に対して『$x > z$ であるような A の x が存在する』』

となる．いまの場合命題が「二重」構造になっているのでややこしい．しかしこの形の論理は数学でよく使われるので注意されたい．読者は下に有界の場合について考えてみられたい．

少しくどくなったが，注意をもう二つ与えておく．第一に，空集合 ϕ は有界集合，つまり上にも下にも有界な集合と考えられ，$\boldsymbol{R}$ のすべての要素が ϕ の上界にも下界にもなる．第二に，上に有界な集合は少くとも二つ（実は無限に多く）上界をもつし，下に有界な集

合は少くとも二つ（実は無限に多く）下界をもつ．これについては次の例 4 をみられたい.

例をいくつかあげよう.

例 1　$A = \{-1, 0, 1\}$ とおくと，A は有界，つまり上にも下にも有界である．A の一つの上界は 1 であり，A の一つの下界は -1 である．（図 3）

なぜなら，$x \in A$ ならば $-1 \leqq x \leqq 1$ となる．したがって $x \in A$ ならば $x \leqq 1$．よって A は上に有界で，1 は A の上界である．また $x \in A$ ならば $-1 \leqq x$．よって A は下に有界で，-1 は A の下界である.

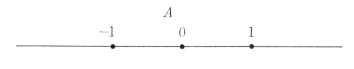

1 は A の要素の $-1, 0, 1$ のどれ
よりも小さくない．また -1 は
$-1, 0, 1$ のどれよりも大きくな
い.

図 3

例 2　$I = \{x \mid x \in \boldsymbol{R}, |x| < 1\}$ とおくと，I は有界集合である．I の一つの上界は 1，I の一つの下界は -1 である．（図 4）

なぜなら，$x \in I$ とすれば $|x| < 1$ だから（2.22）によって $-1 < x < 1$．ゆえに $x \in I$ ならば $x \leqq 1$．よって 1 は I の上界で，I は -1 は I の下界で，I は下に有界である.

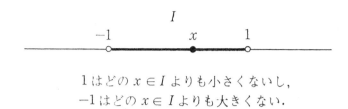

1 はどの $x \in I$ よりも小さくないし，
−1 はどの $x \in I$ よりも大きくない．

図 4

例 3 $A = \{x | x \in \mathbf{R}, 0 < x\}$ とおくと，A は下に有界であるが，上に有界でない．（図 5）

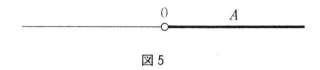

図 5

なぜなら，$x \in A$ ならば $0 \leqq x$ となる．ゆえに 0 は A の下界である．したがって A は下に有界である．次に A は上に有界でないことを証明する．それには $\mathbf{R}$ の任意の要素 z に対して $z < x$ となる A の要素 x が存在することを示せばよい．$z \in \mathbf{R}$ とする．$z \leqq 0$ ならば $0 < 1$ であるから $z < 1$ で $1 \in A$．よってこの場合 1 がこのような要素になっている．また $0 < z$ ならば $w = z + 1$ とおくと $z < w$ で，$w > 0 + 1 > 0$ であるから $w \in A$．よってこの場合 w がこのような要素になっている．以上によって A は上に有界でない．

例 4 $A \subset \mathbf{R}$ とする．A が上に有界で，A の一つの上界を z とし，$w = z + 1$ とおけば，$w \neq z$ で w も A の上界である．さらに $u \in \mathbf{R}, z < u$ なる u はすべて A の上界である．また A が下に有界で，A の一つの下界を z' とすれば，$u' \in \mathbf{R}, u' < z'$ なる u' はすべて A の下界である．（図 6）

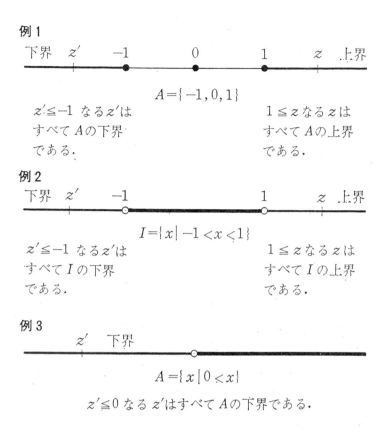

例 1

下界　z'　-1　　　0　　　1　　　z　上界

$$A=\{-1,0,1\}$$

$z'\leqq-1$ なる z' は
すべて A の下界
である.

$1\leqq z$ なる z は
すべて A の上界
である.

例 2

下界　z'　-1　　　　　　1　　　z　上界

$$I=\{x\mid -1<x<1\}$$

$z'\leqq-1$ なる z' は
すべて I の下界
である.

$1\leqq z$ なる z は
すべて I の上界
である.

例 3

z'　下界

$$A=\{x\mid 0<x\}$$

$z'\leqq 0$ なる z' はすべて A の下界である.

図 6

　なぜなら，まず $1>0$ であるから $w=z+1>z$ である．$x\in A$ とする．z は A の上界だから $x\leqq z$. これと $z<w$ とから $x\leqq w$. ゆえに $x\in A$ ならば $x\leqq w$. よって w は A の上界である．u が A の上界なことも同じようにして示される．また下に有界の場合も同じようにして証明される．

　集合の上界，下界を用いて集合の「上限」，「下限」の概念が次のように定義される．

定義　A を $\boldsymbol{R}$ の上に有界な部分集合とする．このとき，$\boldsymbol{R}$ の要素 s が

(i) s は A の上界である

(ii) A のどの上界 z に対しても $s \leqq z$ である

の二つの条件を満たすならば，s は A の**上限**であるといい，記号で $s = \sup A$ と書き表す．また A を $\boldsymbol{R}$ の下に有界な部分集合とする．このとき $\boldsymbol{R}$ の要素 s' が

(i′) s' は A の下界である．

(ii′) A のどの下界 z' に対しても $z' \leqq s'$ である．

の二つの条件を満たすならば，s' は A の**下限**であるといい，記号で $s' = \inf A$ と書き表す．

このように定義すると

(**2.24**)　『上に有界な集合 $A(\subset \boldsymbol{R})$ に対して A の上限が存在すればそれはただ一つである．また下に有界な集合 $A(\subset \boldsymbol{R})$ に対して A の下限が存在すればそれはただ一つである』．

与えられた集合に対してその集合の上限や下限が存在するとすれば一つしかないというのである．上限の場合を証明してみよう．s_1 と s_2 が上に有界な集合 A の上限であるとして，$s_1 = s_2$ を示せばよい．まず s_1, s_2 は A の上限であるから，上限の定義の条件 (i) によって s_1 も s_2 も A の上界であることに注意する．さて s_1 は A の上限であるから上限の条件 (ii) によって A の上界である s_2 に対して $s_1 \leqq s_2$ とならなければならない．また一方 s_2 は A の上限であるので同じようにして $s_2 \leqq s_1$ でなければならない．ゆえに $s_1 \leqq s_2$ かつ $s_2 \leqq s_1$．よって $s_1 = s_2$ である．下限の場合も同じようにして証明できるからその証明は読者にまかせる．

いくつか例を考えてみよう．

例5　$A = \{-1, 0, 1\}$ とおくと，A は上にも下にも有界であって A

の上限は 1, A の下限は 1 である．すなわち $\sup A = 1$, $\inf A = -1$.

　A が上にも下にも有界なことは例 1 で示された．$\sup A = 1$ を証明しよう．それには 1 が上限の条件 (i), (ii) を満たすことをいえばよい．例 1 によって 1 は A の上界である．したがって 1 は (i) を満たす．次に z を A の上界とすると，$x \in A$ ならば $x \leqq z$ となる．1 は A の一つの要素であるからここで特に $x = 1$ とおくことができて $1 \leqq z$ が得られる．ゆえに A のどの上界 z に対しても $1 \leqq z$ である．したがって 1 は (ii) を満たす．よって 1 は A の上限，すなわち $\sup A = 1$ である．この議論で 1 を -1 でおきかえて不等号 $\leqq$ の向きを反対にすれば $\inf A = -1$ の証明が得られる．

　例 6　$I = \{x \mid -1 < x < 1\}$ とおくと，I は上にも下にも有界であって，I の上限は 1，I の下限は -1 である．すなわち $\sup I = 1$, $\inf I = -1$.

　例 2 によって I は上にも下にも有界である．$\sup I = 1$ を証明してみよう．1 が上限の条件 (i), (ii) を満たすことを示せばよい．まず例 2 によって 1 は I の上界であるから 1 は (i) を満たす．次に 1 が (ii) を満たすことを背理法で示す．かりに 1 は (ii) を満たさなかったとすれば，『I のすべての上界 z に対して $1 \leqq z$ である』が否定されて，$z < 1$ となるような I の上界 z が存在する（図 7 参照）．z は I の上界であるから $x \in I$ に対して $x \leqq z$ である．他方 $-1 < 0 < 1$ だから $0 \in I$. したがって $0 \leqq z$ である．

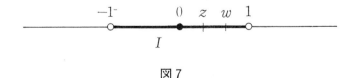

図 7

さてここで $w = \dfrac{1+z}{1+1}$ とおくと

$$z < w < 1 \quad \text{かつ} \quad w \in I$$

となることを示す．なぜなら $z < 1$ だから $1 + z < 1 + 1 \cdot \dfrac{1}{1+1} > 0$ をこの両辺に乗じて $\dfrac{1+z}{1+1} < (1+1)\dfrac{1}{1+1} = 1$. ゆえに $w < 1$. 同じように $z < 1$ から $(1+1)z = z + z < 1 + z$ が得られ，これより $z < \dfrac{1+z}{1+1} = w$ となる．したがって $z < w < 1$ である．また $-1 < 0 \leqq z$ だから $-1 < w < 1$. したがって $w \in I$ である．よって $z < w < 1$ かつ $w \in I$. いま示されたことから $z < w$ かつ $w \in I$ である．ところが一方 z は I の上界だから $w \leqq z$ でなければならない．したがって $z < w$ かつ $w \leqq z$ とならなければならない．これは矛盾である．よって 1 が (ii) を満たす．これで 1 が (i) と (ii) を満たすこと，したがって $\sup I = 1$ が証明された．$\inf I = -1$ も同じようにして証明される．

例 7 $A = \{x | x \in \boldsymbol{R}, 0 \leqq x\}$ とおくと A は下に有界で $\inf A = 0$ である．

まず 0 は A の下界である．というのは $x \in A$ なら A の定義から $0 \leqq x$ となるからである．ゆえに 0 は下限の条件 (i′) を満たす．次に z' を A の下界とすれば A のどの要素 x' に対しても $z' \leqq x'$ でなければならない．ところで $0 \leqq 0$ だから $0 \in A$. ゆえに $z' \leqq 0$. したがって A のすべての下界 z' に対して $z' \leqq 0$ となる．ゆえに 0 は下限の条件 (ii′) を満たす．よって $\inf A = 0$ である．

次に一つ注意をしておく．それは空集合 ϕ は上にも下にも有界な集合であるが，空集合の上限 $\sup \phi$ および下限 $\inf \phi$ はどちらも存在しないということである．なぜならかりに $\sup \phi = s$ が存在したとすれば，上限の条件 (ii) によって ϕ のどの上界 z に対しても $s \leqq z$ とならなければならない．$z = s - 1$ は ϕ の一つの上界であるから当然 $s \leqq s - 1$ とならなければならない．ところがこれから

$0 \geqq 1$ が得られるが，これは $0 < 1$ であることに反する．よって $\sup \phi$ は存在しない．$\inf \phi$ の存在しないことも同じようにして示される．

　さて，では空集合でない上に有界な集合に対してはどうであろうか．つまり A を空集合でない上に有界な $\boldsymbol{R}$ の部分集合とするとき，A の上限 $\sup A$ はつねに存在するであろうか．この問に答えているのが実数の連続性である．すなわち実数の連続性はこのようなすべての A に対して $\sup A$ が必ず存在することを保証しているのである．これは次のように述べられたのであった．

> **実数の連続性**　空集合でないすべての上に有界な $\boldsymbol{R}$ の部分集合に対してその集合の上限は必ず存在する．

　言い換えると
『空集合以外の上に有界な実数の集合 A は必ず上限 $\sup A$ をもつ』というのである．
　では下限についてはどうであろうか．これについて次の定理が成り立つ．

> **定理 2.2.**　空集合でないすべての下に有界な $\boldsymbol{R}$ の部分集合に対してその集合の下限は必ず存在する．

　言い換えると
『空集合以外の下に有界な実数の集合 B は必ず下限 $\inf B$ をもつ』というのである．

　（証明）$B(\subset \boldsymbol{R})$ を $B \neq \phi$ なる下に有界な集合とする．そうすると $x \in B$ ならば $b \leqq x$ となるような $\boldsymbol{R}$ の要素 b が存在する．いま $C = \{y \,|\, y \in \boldsymbol{R}, -y \in B\}$ とおくと，$C \neq \phi$ で C は上に有界である．

なぜなら $B \neq \phi$ だから $c \in B$ が存在する. $-(-c) = c \in B$ だから $-c \in C$. ゆえに $C \neq \phi$. また $y \in C$ とすれば $-y \in B$. したがって $b \leqq -y$. これから $y \leqq -b$. ゆえに $y \in C$ ならば $y \leqq -b$ である. よって C は上に有界である. したがって実数の連続性によって C の上限が存在する. $\sup C = s$ とおく. すると $-s$ が B の下限, すなわち $-s = \inf B$ となる. このことを示そう. s は C の上界である(上限の条件(i))から, $y \in C$ ならば $y \leqq s$. 他方 $x \in B$ とすると $-(-x) = x \in B$ だから $-x \in C$. したがって $-x \leqq s$. これから $-s \leqq x$. ゆえに $x \in B$ ならば $-s \leqq x$, すなわち $-s$ は B の下界である. よって $-s$ は下限の条件 (i') を満たす. 次に z' を B の下界とすると, $x \in B$ ならば $z' \leqq x$ である. また $y \in C$ とすれば $-y \in B$ だから $z' \leqq -y$. これより $y \leqq -z'$. ゆえに $y \in C$ ならば $y \leqq -z'$, すなわち $-z'$ は C の上界である. s は C の上限であるから上限の条件(ii)によって $s \leqq -z'$. これから $z' \leqq -s$. ゆえに z' が B の下界ならば $z' \leqq -s$ である. よって $-s$ は下限の条件 (ii') を満たす. したがって $-s$ は B の下限である. すなわち $-s = \inf B$. (終)

ここで実数の連続性の言い表し方について注意を述べておく. 実は, 実数の根本性質の [1] から [14] とこの定理 2.2 を前提にして, 定理 2.2 と全く同じ方法で [15] を導くことができる. この意味で [15] と定理 2.2 は同値なのである. したがって実数の連続性を定理 2.2 のように定式化してもよいのである.

さて, A を $\boldsymbol{R}$ の部分集合で $A \neq \phi$ とする. (2.24), 実数の連続性および定理 2.2 によって A が上に有界のときは A の上限 $\sup A$ が($\boldsymbol{R}$ の要素として)一意的に定まり, A が下に有界のときは A の下限 $\inf A$ が($\boldsymbol{R}$ の要素として)一意的に定まる. そこでいま $-\infty$, $+\infty$ という記号を導入し($-\infty$ はマイナス無限大, $+\infty$ はプ

ラス無限大と読む），これについては

$$-\infty < +\infty$$

　　R のすべての要素 a に対し　$-\infty < a, a < +\infty$
が成り立つものと考え，
　　A が上に有界でないとき　　$\sup A = +\infty,$
　　A が下に有界でないとき　　$\inf A = -\infty$
とおく．そうすると空集合でないすべての R の部分集合 A に対して $\sup A$ および $\inf A$ がそれぞれ（R の要素または $+\infty$ または $-\infty$ として）一意的に定まることになる．したがってこのように $\sup A$ や $\inf A$ の概念をそれぞれ上に有界でない A や下に有界でない A まで拡張したとき，この意味での $\sup A$, $\inf A$ をそれぞれ A の**広義の上限**，A の**広義の下限**と呼ぶことにすれば次のことが成り立つ．

　定理 2.3.　空集合でないすべての R の部分集合に対して，その集合の広義の上限およびその集合の広義の下限はどちらも一意的に確定する．

　言い換えると
　『空集合以外の実数の集合 A はただ一つの広義の上限 $\sup A$ およびただ一つの広義の下限 $\inf A$ をもつ』
のである．これからあと特に区別する必要がない以上は単に上限，下限といえばそれぞれ広義の上限，広義の下限を意味するものとする．そして $A(\subset R, \neq \phi)$ に対して $\sup A = +\infty$ のとき A の上限 $\sup A$ は $+\infty$ であるといい，$\sup A$ が R の要素のとき A の上限 $\sup A$ は有限であるという．同じように $\inf A = -\infty$ のとき A の下限 $\inf A$ は $-\infty$, $\inf A$ が R の要素のとき A の下限 $\inf A$ は有限であるということにする．なおこの本では $\sup \phi$, $\inf \phi$ は改めて定義しないことにする．

例 8 $A = \{x \,|\, x \in \boldsymbol{R}, 0 < x\}$ とおくと, $\sup A = +\infty$. すなわち A の上限は $+\infty$ である.

なぜなら例 3 でみたように A は上に有界でないからである.

上限, 下限に関する結果をいくつか述べておこう.

(2.25) 『A を空集合でない $\boldsymbol{R}$ の部分集合とすると

$$-\infty < \sup A \leqq +\infty, \, -\infty \leqq \inf A < +\infty$$

が成り立つ』.

なぜなら A は上に有界であるかそうでないかどちらかであるから A の上限は有限であるか $+\infty$ であるかどちらかである. したがって $-\infty, +\infty, a \in \boldsymbol{R}$ に対する不等号 $<$ の定義から $-\infty < \sup A \leqq +\infty$ が得られる. $-\infty \leqq \inf A < +\infty$ についても同じようにして示される.

(2.26) 『A を空集合でない $\boldsymbol{R}$ の部分集合とすると

$$\inf A \leqq \sup A$$

が成り立つ』.

まず $\sup A = +\infty$ または $\inf A = -\infty$ の場合は $-\infty, +\infty, a \in \boldsymbol{R}$ に対する $<$ の定義からこの不等式の成り立つことがわかる. ゆえに $\sup A$ も $\inf A$ もともに有限の場合についてこの不等式を示せばよい. $s = \sup A, s' = \inf A$ とおく. $A \neq \phi$ であるから $a \in A$ が存在する. 一方上限の条件 (i) によって s は A の上界であるから $x \in A$ ならば $x \leqq s$ である. ゆえに $x = a$ として $a \leqq s$ を得る. 他方下限の条件 (i′) によって s' は A の下界であるから $x \in A$ ならば $s' \leqq x$ である. ゆえに $x = a$ として $s' \leqq a$ を得る. これより $s' \leqq a \leqq s$. よって $s' \leqq s$. これで $\inf A \leqq \sup A$ が示された.

（**2.27**）　『E, F を空集合でない $\boldsymbol{R}$ の部分集合とする．このとき

$$E \subset F \quad ならば \quad \sup E \leqq \sup F, \inf E \geqq \inf F$$

である』．

　はじめに $\sup E \leqq \sup F$ を証明しよう．$\sup F = +\infty$ の場合は $-\infty, +\infty, a \in \boldsymbol{R}$ に対する不等号 $<$ の定義によってこの不等式は成り立つ．$\sup F$ が有限の場合は $s = \sup F$ とおくと，$x \in F$ ならば $x \leqq s$ である．$E \subset F$ だから $x \in E$ ならば $x \in F$，したがって $x \leqq s$ となる．ゆえに $x \in E$ ならば $x \leqq s$．すなわち E は上に有界で，s は E の一つの上界である．したがって $u = \sup E$ とおくと上限の条件 (ii) によって $u \leqq s$．よって $\sup E \leqq \sup F$ である．$\inf E \geqq \inf F$ についても全く同じようにして証明される．

　次の結果は有限な上限や下限を特徴づける一つの条件を述べたものであるが，多くの場合この形の条件の方が定義のそれよりも使いやすい．

（**2.28**）　『a を $\boldsymbol{R}$ の要素，A を空集合でない $\boldsymbol{R}$ の部分集合とする．このとき $a = \sup A$ であるための必要十分条件は次の (1), (2) が同時に成り立つことである．

　　(1) A のすべての x に対して $x \leqq a$ である．

　　(2) 任意の $\varepsilon > 0$ に対して $a - \varepsilon < y$ となるような A の要素 y が存在する．

　また $\alpha = \inf A$ であるための必要十分条件は次の $(1'), (2')$ が同時に成り立つことである．

　　$(1')$ A のすべての x に対して $a \leqq x$ である．

　　$(2')$ 任意の $\varepsilon > 0$ に対して $y < a + \varepsilon$ となるような A の要素 y が存在する』．

（証明）上限の場合を証明しょう．(1) は a が A の上界であるこ

とを意味している．したがってこの（1）は上限の条件（i）と全く同じである．だから上限の条件（ii）とこの（2）とが同値なことを示せば十分である．次にこのことを示そう．

（2）の否定 $\Longleftrightarrow$ A のどんな要素 y に対しても $y \leqq a - \varepsilon$ となるような $\varepsilon > 0$ が存在する

$\Longleftrightarrow$ $a - \varepsilon$ が A の上界であるような $\varepsilon > 0$ が存在する

$\Longleftrightarrow$ $a' < a$ となるような A の上界 a' が存在する

（ここで $\Longrightarrow$ の場合は $a' = a - \varepsilon$，$\Longleftarrow$ の場合は $\varepsilon = a - a'$ とおけばよい．）

$\Longleftrightarrow$（ii）の否定

よって（ii）と（2）は同値である．下限の場合も同じようにして証明されるが，それは読者にまかせる．（終）

こんどは「最大値」，「最小値」の概念をきちんと定義してみよう．これは最も大きいとか最も小さいとかいう観念を数学的に定式化したものである．

定義 A を $\boldsymbol{R}$ 部分集合とする．このとき $\boldsymbol{R}$ の要素 m が

（i）m は A の要素である

（ii）A のどの要素 x に対しても $x \leqq m$ である

の二つの条件を満たすとき，m は A の**最大値**であるといい，記号で $m = \max A$ と書く．この場合 m は A で最大であるともいう．また，$\boldsymbol{R}$ の要素 m' が

（i'）m' は A の要素である

（ii'）A のどの要素 x に対しても $m' \leqq x$ である

の二つの条件を満たすとき，m' は A の**最小値**であるといい，記号で $m' = \min A$ と書く．この場合 m' は A で最小であるともいう．

定義はこのように与えられたのであるが，では『集合 $A(\neq \phi)$ に対して $\max A$ や $\min A$ がつねに存在するか』というと，あとにあげる例11，12でわかるようにこれらは必ずしも存在するとは限ら

ない．しかし『もし存在すればただ一つである』ことは（2.24）と
同じようにして示すことができる．さらにこの問題に関して次の命
題が成り立つ．

（**2.29**）　『A 空集合でない $\boldsymbol{R}$ の部分集合とする．このとき $\max A$
が存在するための必要十分条件は

$$\sup A \in A$$

となること，すなわち $\sup A$ が有限で，しかも A の要素になること
である．そしてその場合

$$\max A = \sup A$$

となる．全く同じように，$\min A$ が存在するための必要十分条件は

$$\inf A \in A$$

となること，すなわち $\inf A$ が有限で，しかも A の要素になること
である．そしてその場合

$$\min A = \inf A$$

となる』．

　（証明）最大値の場合も最小値の場合も同じであるからここで
は最小値の場合の証明をやってみよう．$\min A$ が存在するとして
$\min A = m'$ とおけば最小値の定義の条件（ii$'$）によって $x \in A$ な
らば $m' \leqq x$ である．このことは m' が A の下界であることを意
味している．ゆえに m' は下限の条件（i$'$）を満たす．次に z' を
A の下界とすると $x \in A$ ならば $z' \leqq x$ である．最小値の定義の条
件（i$'$）によって $m' \in A$ であるから $x = m'$ とおけば $z' \leqq m'$ とな

る．ゆえに A のすべての下界 z' に対して $z' \leqq m'$．すなわち m' は下限の条件（ii'）を満たす．したがって m' は A の下限である．よって $\min A = \inf A$．また $\min A \in A$ であるから $\inf A \in A$．逆に $\inf A$ が有限で $\inf A \in A$ とする．$\inf A = m'$ とおけば $\inf A \in A$ だから $m' \in A$．ゆえに m' は最小値の定義の条件（i'）を満たす．次に $x \in A$ とすると m' は下限の条件（i'）によって A の一つの下界であるから $m' \leqq x$．すなわち $x \in A$ ならば $m' \leqq x$．ゆえに m' は最小値の定義の条件（ii'）を満たす．したがって $m' = \min A$ である．よって $\min A$ が存在して $\min A = \inf A$ となる．（終）

次に例をいくつかあげよう．

例 9　$A = \{-1, 0, 1\}$ とおくと，$\max A = 1, \min A = -1$（図 8 参照）．

なぜなら $1 \in A$．また $-1 \leqq 1$，$0 \leqq 1$，$1 \leqq 1$ であるから $x \in A$ ならば $x \leqq 1$．よって $\max A = 1$．$\min A = -1$ も同じようにして示される．

例 10　$A = \{x | x \in \mathbf{R}, -1 < x \leqq 1\}$ とおくと，$\max A = 1$ であるが，$\min A$ は存在しない（図 8 参照）．

なぜなら $1 \in A$．$x \in A$ ならば $-1 < x \leqq 1$ だから $x \leqq 1$．よって $\max A = 1$．他方，例 6 と同じようにして $\inf A = -1$ が示される．ところが $-1 \notin A$．ゆえに（2.29）によって $\min A$ は存在しない．

例 11　$A = \{x | x \in \mathbf{R}, -1 < x < 1\}$ とおくと，$\max A$ も $\min A$ もどちらも存在しない（図 8 参照）．

なぜなら例 6 で示されたように，$\sup A = 1, \inf A = -1$．ところが $1 \notin A$，$-1 \notin A$．すなわち $\sup A \notin A$，$\inf A \notin A$．

例9
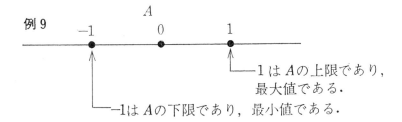

　　　　　　　　　　　1 は A の上限であり，
　　　　　　　　　　　最大値である．
　　　　　—1 は A の下限であり，最小値である．

例10
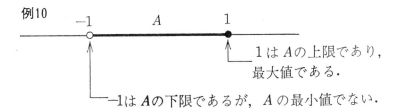

　　　　　　　　　　　1 は A の上限であり，
　　　　　　　　　　　最大値である．
　　　　—1 は A の下限であるが，A の最小値でない．

例11
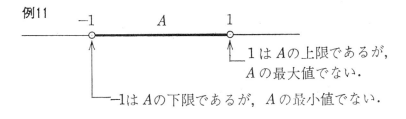

　　　　　　　　　　1 は A の上限であるが，
　　　　　　　　　　A の最大値でない．
　　　　—1 は A の下限であるが，A の最小値でない．

図 8

したがって（2.29）によって $\max A, \min A$ は存在しない．なお 51 ページの演習問題の問 4 をみられたい.

例 12　$A = \{x \,|\, x \in \boldsymbol{R}, 0 \leqq x\}$ とおくと $\min A = 0$ であるが $\max A$ は存在しない.

なぜなら $0 \in A$. $x \in A$ なら $0 \leqq x$. よって $\min A = 0$. また例 3 のようにして $\sup A = +\infty$. したがって $\sup A$ は有限でない. ゆえに（2.29）によって $\max A$ は存在しない. なお 51 ページの演習問題の問 4 をみられたい.

　ところで（2.29）によれば $A(\neq \phi)$ に対して $\max A$ が存在すればそれは $\sup A$ に等しくなるのであるが，例 11 からわかるように空集合でない上に有界な集合 A であっても $\max A$ が存在しないことがある．しかし $\sup A$ はどんな上に有界な集合 $A(\neq \phi)$ に対しても必ず存在して有限である．したがって上限 $\sup A$ は最大値 $\max A$ の「真の」拡張なのである．下限 $\inf A$ と最小値 $\min A$ についても同じことがいえる

　さて自然数全体の集合 $\boldsymbol{N}$ は $\boldsymbol{R}$ の重要な一つの部分集合で，$\boldsymbol{N}$ の要素すなわち**自然数**は

$$1, 2 = 1 + 1, 3 = 2 + 1, \cdots\cdots, n = (n-1) + 1, \cdots\cdots$$

と書かれる．次のアルキメデスの原理は重要である．

　定理 2.4.　（アルキメデスの原理）　$\boldsymbol{R}$ の任意の二つの要素 $\varepsilon > 0$ と $x > 0$ に対して，

$$x < n\varepsilon$$

を満たす自然数 n が存在する．

　（証明）まず $1 \in \boldsymbol{N}$ から $\boldsymbol{N} \neq \phi$ に注意して，背理法で証明する．アルキメデスの原理が成り立たなかったとすると，$\boldsymbol{R}$ のある二つの要素 $\varepsilon > 0$ と $x > 0$ が存在してどんな自然数 n に対しても $n\varepsilon \leqq x$ となる．$\varepsilon > 0$ であるから $\dfrac{1}{\varepsilon}(> 0)$ をこの不等式の両辺に乗ずると $n \leqq \dfrac{x}{\varepsilon}$ となる．したがって $n \in \boldsymbol{N}$ ならば $n \leqq \dfrac{x}{\varepsilon}$．はじめの注意とこのことから $\boldsymbol{N}$ は $\boldsymbol{N} \neq \phi$ で上に有界である．したがって実数の連続性によって $\sup \boldsymbol{N}$ は有限である．とこで $\sup \boldsymbol{N} = s$ とおけば（2.28）の（2）から任意の $\eta > 0$ に対して $s - \eta < m$ となる $m \in \boldsymbol{N}$ が存在する．特に $\eta = \dfrac{1}{2} > 0$ とおくと $s - \dfrac{1}{2} < l$ となる $l \in \boldsymbol{N}$ が

存在する．この不等式の両辺に 1 を加えると $s + \dfrac{1}{2} < l + 1$. 他方 $l + 1 \in N$ で，s は N の上界であるから $l + 1 \leqq s$. したがって $s + \dfrac{1}{2} \leqq s$. これより $\dfrac{1}{2} \leqq 0$ でなければならない．これは $\dfrac{1}{2} > 0$ であることに反する．よってアルキメデスの原理は成り立つ．（終）

ところで R の要素は**実数**なのであるが，

$$Z = \{x \,|\, x \in N \text{ または } -x \in N \text{ または } x = 0\}$$

$$Q = \left\{x \,\middle|\, x = \frac{q}{p}, \quad q \in Z, \quad p \in Z, \quad p \neq 0\right\}$$

とおくとき，Z の要素が**整数**で，Q の要素が**有理数**である．そして N, Z, Q, R の間には

$$N \subset Z \subset Q \subset R$$

の関係がある．しかも $-1 \notin N$ かつ $-1 \in Z$ から $N \neq Z, \dfrac{1}{2} \notin Z$ かつ $\dfrac{1}{2} \in Q$ から $Z \neq Q$ である．Q と R についてはどうかというと，いまここで示すように $Q \neq R$, すなわち $R - Q \neq \phi$ である．この $R - Q$ の要素が**無理数**なのである．**無理数が存在する**こと，すなわち $R - Q \neq \phi$ を，実際に $a \in R - Q$ をつくることによって示してみよう．まず $A = \{x \,|\, x \in R, x > 0, x^2 < 2\}$ とおくと，$A \neq \phi$ で A は上に有界である．なぜなら $1 \in A$ から $A \neq \phi$. また $x \in A$ ならば $x^2 < 2 < 2^2$. これから $x^2 - 2^2 < 0, (x-2)(x+2) < 0$. (2.14) によって『$x - 2 < 0$ かつ $x + 2 > 0$』または『$x - 2 > 0$ かつ $x + 2 < 0$』．したがって $-2 < x < 2$. ゆえに $x < 2$. よって $x \in A$ ならば $x < 2$ であるから A は上に有界である．そうすると実数の連続性によって $\sup A$ は有限である．そこで $\sup A = a$ とおくと，$a^2 = 2$ で $a \in R - Q$ となる．すなわちこの a が求めるものである．はじめに $a^2 = 2$ を証明しよう．$a^2 < 2$ であったとする．$2 - a^2 = \varepsilon > 0$ とおく．$1 \in A$ で a は A の一つの上界であるから $1 \leqq a$. $0 < 1 \leqq a < 1 + a$ から $(1+a)^2 - a^2 > 0$. アルキメデス

の原理によって $(1+a)^2 - a^2 < n\varepsilon$ となる $n \in \mathbf{N}$ が存在する．これから $\dfrac{1}{n}((1+a)^2 - a^2) < \varepsilon$. したがっていま $h = \dfrac{1}{n+1}$ とおけば $\dfrac{1}{n+1} < \dfrac{1}{n}$ だから

$$h((1+a)^2 - a^2) < \varepsilon \qquad\qquad ①$$

が得られる．$h = \dfrac{1}{n+1} < 1$ に注意すると

$$(a+h)^2 = a^2 + 2ah + h^2 = a^2 + h(2a+h)$$
$$\leqq a^2 + h(2a+1) = a^2 + h((1+a)^2 - a^2) \qquad ②$$

となる．(1) と (2) から $(a+h)^2 < a^2 + \varepsilon$. $\varepsilon = 2 - a^2$ をこの式の右辺に代入すると

$$(a+h)^2 < 2$$

が得られる．これと $a + h > 0$ とから A の定義によって $a + h \in A$. ところが一方 a は A の上界であるから $a + h \leqq a$. したがって $h \leqq 0$. これは $h = \dfrac{1}{n+1} > 0$ であることに反する．よって

$$a^2 \geqq 2 \qquad\qquad ③$$

である．次に $a^2 > 2$ であったとする．こんどは $a^2 - 2 = \varepsilon > 0$ とおいて同じようにアルキメデスの原理を用いると

$$h((1+a)^2 - a^2) < \varepsilon, \qquad\qquad ④$$
$$0 < h < 1$$

を満たす h がとれる．$h > 0$ に注意して

$$(a-h)^2 = a^2 - 2ah + h^2 = a^2 - h(2a-h)$$
$$\geqq a^2 - h(2a+1) = a^2 - h((1+a)^2 - a^2).$$

これと④から $(a-h)^2 > a^2 - \varepsilon = a^2 - (a^2 - 2) = 2$. ゆえに

$$(a-h)^2 > 2. \qquad\qquad ⑤$$

　他方 (2.28) の (2) によって $h > 0$ に対して $a - h < b$ となる $b \in A$ が存在する．$h < 1, a \geqq 1$ だから $a - h > 0$．これと $a - h < b$ から $(a - h)^2 < b^2$．また $b \in A$ だから $b^2 < 2$．ゆえに $(a - h)^2 < 2$．これと⑤から $2 < 2$ という矛盾が得られる．よって

$$a^2 \leqq 2 \qquad\qquad\qquad ⑥$$

である．ゆえに③と⑥から $a^2 = 2$ となる．これで $a^2 = 2$ が証明された．次に $a \in \boldsymbol{R} - \boldsymbol{Q}$，すなわち $a \in \boldsymbol{Q}$ を示そう．これは $a^2 = 2$ から得られる．というのは $a^2 = 2$ なる a は有理数でないのである．もしこのような a が有理数であったとすれば，互いに素な整数 $p(\neq 0)$ と q を適当にとって $a = \dfrac{q}{p}$ と表せる．$2 = a^2 = \dfrac{q^2}{p^2}$ から $q^2 = 2p^2$．したがって q は偶数である．$q = 2r$（r は整数）とおいてこの式に代入すると，$2^2 r^2 = 2p^2$．つまり $p^2 = 2r^2$．したがって p も偶数である．よって p も q 偶数となる．これは p と q が互いに素なことに反する．よって a は有理数でない．これで無理数の存在することが示された．

　次にアルキメデスの原理を応用して得られる結果を二つ述べよう．

　(**2.30**)　『x を任意の実数とするとき，$n \leqq x < n + 1$ となる整数 n が存在する』．

　まず $x \in \boldsymbol{Z}$ のときは $x \leqq x < x + 1$ であるから x が求める整数である．$x \notin \boldsymbol{Z}$ とする．$x > 0$ の場合はアルキメデスの原理によって $x < m \cdot 1 = m$ となる自然数 m が存在する．$0, 1, 2, \cdots, (m-1)$ の m 個のおのおのの数と x との大小の関係を調べてみる．最初 $m - 1$ と x の大小の関係を調べて $m - 1 \leqq x$ ならば $m - 1 \leqq x < (m-1) + 1$ となるから $m - 1$ が求めるものである．$m - 1 > x$ ならば次に $m - 2$ と x の大小の関係を調べ，$m - 2 \leqq x$ ならば $m - 2 \leqq x < (m-2) + 1$

となるから $m-2$ が求めるものである．このように続けて行けば，$x>0$ であるから有限回の調べで $l \leqq x < l+1$ となる l が $0,1,\cdots,(m-1)$ のなかに存在することがわかる．この l が求めるものである．$x<0$ の場合は $-x>0$ であるからいま証明した場合を用いると $p \leqq -x < p+1$ となる整数 p が存在する．$-x \notin \mathbf{Z}$ だから $p < -x$ である．したがって $p < -x < p+1$．これから $-(p+1) < x < -p = -(p+1)+1$ となる．よって $-(p+1)$ が求めるものである．これで証明が終る．

（**2.31**）　『a,b を任意に与えられた実数で $a<b$ とする．このとき $a<p<b$ となる有理数 p が存在する』．

（証明）$b-a>0$ であるからアルキメデスの原理によって $1<n(b-a)$ となる自然数 n が存在する．$n>0$ だからこれより

$$\frac{1}{n} < (b-a) \qquad\qquad ①$$

他方（2.30）によって実数 na に対して $m \leqq na < m+1$ となる整数 m が存在する．$n>0$ に注意すればこれから

$$\frac{m}{n} \leqq a < \frac{m+1}{n}. \qquad\qquad ②$$

ところで $\dfrac{m}{n} \leqq a$ を用いると

$$\frac{m+1}{n} = \frac{m}{n} + \frac{1}{n} \leqq a + \frac{1}{n} \qquad\qquad ③$$

また①を用いる

$$a + \frac{1}{n} < a + (b-a) = b \qquad\qquad ④$$

したがって②，③，④から

$$a < \frac{m+1}{n} < b$$

が得られる. $\dfrac{m+1}{n}$ が求める有理数である.（終）

なおこの（2.31）は「有理数」p を「無理数」p としても成り立つ. 51 ページの演習問題の問 8 をみられたい.

これまで実数というものを振り返って見てその特徴は根本性質としてまとめられたものであることを述べ，その根本性質（公理）から実数に関するいろいろの重要な事実を導き出してきたのであるが，最後に二，三注意を述べて次の「写像」に進むことにしよう.

注意 1. アルキメデスの原理は有理数全体の集合 $\boldsymbol{Q}$ の範囲内で考えると

『$\boldsymbol{Q}$ の任意の二つの要素 $p>0$ と $q>0$ に対して，

$$p < nq$$

を満たす自然数 n が存在する』

となるが，この場合の証明には実数の連続性は不必要で，この証明は大変簡単になってしまう. 実際，$\boldsymbol{Q}$ の二つの要素 $p>0$ と $q>0$ が存在して，どんな $n \in \boldsymbol{N}$ に対しても $p \geqq nq$ になったとする. $p = \dfrac{k}{j}$, $q = \dfrac{m}{l}$（ここに，j,k,l,m は自然数で，$j \neq 0$, $l \neq 0$ である）とおけば，$\dfrac{k}{j} \geqq n\dfrac{m}{l}$ から $kl \geqq n(jm)$ となる. $jm \geqq 1$ だから $kl \geqq n$. n はどんな自然数でもよいのであるから $n = kl+1$ とおくことができる. そうすると $kl \geqq kl+1$ となる. これより $0 \geqq 1$. これは矛盾である.

注意 2. 有理数全体の集合 $\boldsymbol{Q}$ は実数の根本性質の [1] から [14] までを満たしている. これまで述べてきたことを注意深く読めば，上限，下限の概念はこの [1] から [14] だけに基づいて定義されており，実数の連続性 [15] とそれに同値な定理 2.2，およびそれらの一般化である定理 2.3 以外の（2.29）までの結果は，$\boldsymbol{R}$ を $\boldsymbol{Q}$ で置き換

54

えてもそのまますべて成り立つことがわかる．つまり連続性に関係
しない性質はすべて有理数の範囲内で成り立つのである．しかし
ながら [15] の性質すなわち連続性はこの Q においては成り立たな
い．言い換えると**有理数は連続性をもたない**のである．このことを
証明するには

$$A = \{x | x \in Q,\ 0 < x,\ x^2 < 2\}$$

とおくとき，A は空集合でない上に有界な Q の部分集合であるが，
Q の中で sup A が存在しないことを示せば十分である．ところがさ
きに述べた無理数の存在の証明は，そこにおいて R を Q で置き換
えても正しさを全く失わない（ただしアルキメデスの原理を使うと
ころは上に述べた注意 1 を使う）．すなわち A は空集合でない上に
有界な Q の部分集合になり，sup A が Q の中で存在したと仮定し
て sup $A = a \in Q$ とおけば $a^2 = 2$ が得られて，これから矛盾が導
かれる．このようにして連続性という性質は実数には存在するが，
有理数には存在しないことがわかるのである．

　これまでに述べてきた概念や論法の理解を深めるために演習問題
を少し出しておく．

　問 1　$u, v, x, y \in R, u \neq 0, v \neq 0$ のとき

$$\frac{x}{u} + \frac{y}{v} = \frac{xv + yu}{uv}$$

を証明せよ．

　問 2　$x, y, z, u \in R$ とする．このとき

$$0 < x \leqq y,\ 0 < z \leqq u \quad ならば \quad xz \leqq yu$$

となることを証明せよ．

問 3　R の有限部分集合（$\neq \phi$）は必ず最大値および最小値をもつことを証明せよ.

問 4　例 11 および例 12 で $\max A$ の存在しないことを，例 3 の上に有界でないことの証明をみならって（2.29）を使わないで直接証明してみよ.

問 5　$A \subset R, A \neq \phi$ で A は下に有界とし，$B = \{x| -x \in A\}$ とおく. このとき

$$\sup B = -\inf A$$

を証明せよ.

問 6　$\sup N = +\infty$，すなわち N は上に有界でないことを証明せよ.

問 7　$A = \left\{x|x = \dfrac{1}{n}, n \in N\right\}$ とおくとき，$\max A$, $\min A$, $\sup A$, $\inf A$ を求めよ. ただし存在しない場合はそのことを証明せよ.

問 8　$a, b \in R$, $a < b$ とするとき，$a < c < b$ となる無理数 c が存在することを証明せよ.

第3章
写 像

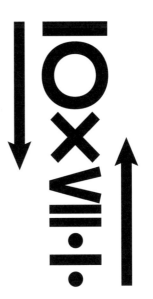

　この本では「写像」という用語を次の意味で使うことにしよう．すなわち二つの空集合でない集合を A, B とし，A の各要素 a に B の一つの要素 b を対応させる規則 f のことを A から B への**写像**というのである．f が A から B への写像であることを記号で

$$f : A \longrightarrow B$$

と書くことにする．このような意味での写像 $f : A \longrightarrow B$ の概念は非常に一般なものである．つまり集合 A, B は集合でありさえすれば何でもよいし，対応の規則 f についても，a が A のどの要素であっても a に対応する B の要素 b はただ一つであること以外に特別な制約は何一つ課せられていないのである．

　例 1　文字 a, b, c, d, e から作られる集合を A，文字 w, x, y, z から作られる集合を B とする．A の要素 a に B の要素 w を，b に x を，c に y を，d に x を，e に y をそれぞれ対応させることによって A から B への一つの写像が得られる．（図 9）

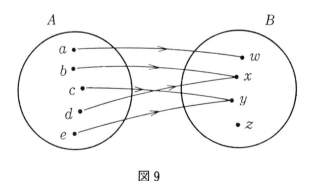

図 9

　例 2　n を自然数とすれば $2n$ も一つの自然数である．自然全体の集合 N の各要素 n に N の要素 $2n$ を対応させると N から N への一つの写像が得られる．

例 3　任意の実数 x に対して x の絶対値 $|x|$ は一つの実数として定まる．実数全体の集合 $\boldsymbol{R}$ の各要素 x に $|x|$ を対応させることにすればこれは $\boldsymbol{R}$ から $\boldsymbol{R}$ への一つの写像である．

例 4　$\boldsymbol{A}$ を $\boldsymbol{R}$ の空集合でない部分集合全体から作られる集合とし，$\boldsymbol{B} = \boldsymbol{R} \cup \{-\infty, +\infty\}$ とおく．このとき定理 2.3 によって $\boldsymbol{A}$ の要素 E に対して $\sup E$ が $\boldsymbol{B}$ の要素としてただ一つ定まる．$\boldsymbol{A}$ の各要素 E に $\sup E$ を対応させればこれは $\boldsymbol{A}$ から $\boldsymbol{B}$ への一つの写像を与えることになる．

例 5　x が $0 \leqq x \leqq 1$ を満たす有理数であるときは $f(x) = 0$，また x が $0 \leqq x \leqq 1$ を満たす無理数であるときは $f(x) = 1$ とそれぞれおくことによって $0 \leqq x \leqq 1$ となる実数 x に対して $f(x)$ を定義する．$A = \{x | x \in \boldsymbol{R}, 0 \leqq x \leqq 1\}, B = \{0, 1\}$ とおき，A の各要素 x に B の要素 $f(x)$ を対応させることによって A から B への一つの写像が定義される．

次に写像に関係する概念と記号をいくつか定義する．

写像 $f: A \longrightarrow B$ が与えられたとする．このとき A を f の**定義域**といい，記号で $D(f)$ と書く．また f によって A の要素 a に対応する B の要素 b を f による a の**像**または a における f の**値**といい，$f(a)$ という記号で表す．すなわち $f(a) = b$. このことは

$$f: a \longmapsto b$$

またはもっとていねいに

$$f: A \longrightarrow B, a \longmapsto b$$

とも書き表される．それから f による A の要素の像全体の集合を f の**値域**といい，記号で $W(f)$ と書く．すなわち

$$W(f) = \{b | b \in B かつ b = f(a) となる A の要素 a が存在する\}.$$

さらに一般に C を A の部分集合とすると，f による C の要素の像全体の集合を f による C の像といい，記号で $f(C)$ と書く．すなわち

$$f(C) = \{b|b \in B かつ b = f(a) となる C の要素 a が存在する\}.$$

この記法によれば $f : A \longrightarrow B$ に対して $f(A) = W(f)$ となる．（図10 参照）また D を B の部分集合とするとき，f による像が

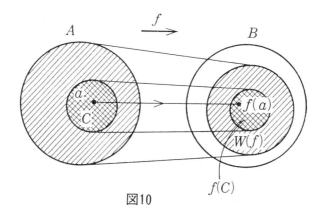

図10

D の要素となるような A の要素全体の集合を f による D の**原像**といい，記号で $f^{-1}(D)$ と書く．すなわち

$$f^{-1}(D) = \{a|f(a) \in D, a \in A\}$$

である．

例6 $f : A \longrightarrow B$ を例 1 の写像とすると，$D(f) = \{a, b, c, d, e\}$，$W(f) = \{w, x, y\}$ である．$C = \{a, b, d\}$ とおけば $f(C) = \{w, x\}$．$D = \{w, x\}$ とおけば $f^{-1}(D) = \{a, b, d\}$．また $f(e) = y$ であり，$f : c \longmapsto y$ である．

例7　$g: \mathbf{R} \longrightarrow \mathbf{R}$ を例3の写像とすると,

$$g: \mathbf{R} \longrightarrow \mathbf{R}, x \longmapsto |x|.$$

$g(1) = 1, g(-1) = 1$. また $C = \{y | y \in \mathbf{R}, 0 \leqq y\}$ とおくと $W(g) = C$ である. なぜなら $y \in W(g)$ とすれば $y \in \mathbf{R}$ かつ $y = g(x) = |x|$ となる $x \in \mathbf{R}$ が存在する. 定理2.1によって $y \geqq 0$. ゆえに $y \in C$. したがって $W(g) \subset C$. 逆に $y \in C$ とすれば, $y \in \mathbf{R}$ かつ $0 \leqq y$. 絶対値の定義によって $y = |y|$, すなわち $y = g(y)$. これは y が g による y の像であることを意味している. ゆえに $y \in W(g)$. したがって $C \subset W(g)$. よって $W(g) = C$ である.

例8　写像 $f: \mathbf{R} \longrightarrow \mathbf{R}$ を, $\mathbf{R}$ の要素 x に対して $f(x) = x^2 + 1$ とおくことによって定義すれば $f(0) = 1$. また $D = \{y | y \in \mathbf{R}, y \leqq 1\}$ とおくと, $f^{-1}(D) = \{0\}$ である. なぜなら $x \in \{0\}$ とすると, $x = 0$. $f(0) = 1$ だから $f(0) \leqq 1$ で, $f(x) = f(0) \in D$. ゆえに $x \in f^{-1}(D)$. したがって $\{0\} \subset f^{-1}(D)$. 逆に $x \in f^{-1}(D)$ とすれば $x \in \mathbf{R}$, $f(x) = x^2 + 1 \in D$. これから $x^2 + 1 \leqq 1$, $x^2 \leqq 0$. ゆえに $x = 0$, つまり $x \in \{0\}$. したがって $f^{-1}(D) \subset \{0\}$. よって $f^{-1}(D) = \{0\}$.

　写像が「等しい」とはどういうことか. これは次のように定義しておく. すなわち二つの写像 $f: A \longrightarrow B$ と $g: C \longrightarrow D$ について, f の定義域 A と g の定義域 C が一致し, この共通の定義域のすべての要素 a に対して f による a の像と g による a の像がつねに等しくなるとき, 写像 f と g は**等しい**といい, 記号で $f = g$ と書くのである. 言い換えれば $f = g$ とは $D(f) = D(g)$ かつ a を $D(f) = D(g)$ の任意の要素とすれば $f(a) = g(a)$ となることである.

例9　$a < b$ となる任意の実数 a, b に対して $(a, b] = \{x | x \in \mathbf{R}, a < x \leqq b\}$ とおき, このような実数の集合 $(a, b]$ 全体から作られる

集合を A で表し，二つの写像 f と g を次のように定義する．すなわち

$$f : A \longrightarrow R, (a,b] \longmapsto \sup(a,b],$$

$$g : A \longrightarrow R, (a,b] \longmapsto \max(a,b].$$

ここで写像 f が定義されることは実数の連続性からわかる．また 2 章の例 10 と同じようにして $\max(a,b] = b$ となるから g も確かに定義される．このとき $f = g$ である．なぜなら $D(f) = A = D(g)$. $(a,b] \in A$ に対して $f((a,b]) = \sup(a,b] = b = \max(a,b] = g((a,b])$ となるからである．ここに $\sup(a,b] = b$ は直接証明することも容易であるが，$\max(a,b] = b$ となることと (2.29) からもわかる．

こんどは「合成写像」の定義をしよう．これは与えられた二つの写像からいま一つの写像を作り出す方法としてもっとも基本的なものの一つである．写像 $f : A \longrightarrow B$ と $g : C \longrightarrow D$ が与えられ，f の値域は g の定義域に含まれているとする．つまり $W(f) \subset D(g) = C$ であるとする．このとき A の要素 a に対して f による a の像 $f(a)$ は C に属するから g によって D の一つの要素 $g(f(a))$ が定まる．A の各要素 a にこの $g(f(a))$ を対応させることによって得られる A から D への写像を f と g の**合成写像**といい，$g \circ f$ という記号で表す．すなわち

$$f : A \longrightarrow B$$

$$g : C \longrightarrow D$$

$$W(f) \subset D(g) = C$$

に対して

$$g \circ f : A \longrightarrow D, \ a \longmapsto g(f(a))$$

である．なお f と g の合成写像 $g \circ f$ が存在するのは f の値域 $W(f)$ が g の定義域 $D(g)$ に含まれる場合であることに注意しておく．（図 11 参照）

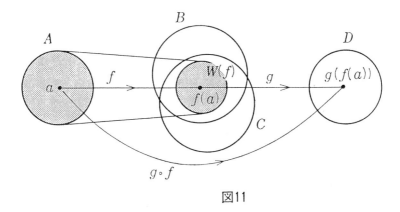

図11

例 10 次の二つの写像 f と g を考える.

$$f : \boldsymbol{R} \longrightarrow \boldsymbol{R},\ x \longmapsto |x|,$$
$$g : \boldsymbol{R} \longrightarrow \boldsymbol{R},\ x \longmapsto x^2 + 1.$$

このとき f と g の合成 $g \circ f$ は存在する. なぜなら $W(f) \subset \boldsymbol{R} = D(g)$ だからである. しかもこの場合 $g \circ f = g$ である. 実際, $D(g \circ f) = \boldsymbol{R} = D(g)$ で, a を $D(g \circ f) = D(g)$ の要素とすれば $g \circ f(a) = g(f(a)) = g(|a|) = (|a|)^2 + 1 = a^2 + 1 = g(a)$ となるからである.

　さて, 写像 $f : A \longrightarrow B$ において f の値域 $W(f)$ に対して一般に $W(f) \subset B$ であるが, 特に $W(f) = B$ となるとき, 言い換えれば B のどの要素も A の少なくとも一つの要素の像になっているとき, f は A から B の**上への**写像, または A から B への**全射**であるという. すなわち, $f : A \longrightarrow B$ が上への写像つまり全射であるとは, b を B の任意の要素とするとき, これ対して $f(a) = b$ となるような A の要素 a が在存することである. また $f : A \longrightarrow B$ において一般に A の異なる二つの要素に対応する B の要素は同じになることがあってもよいのであるが, このようなことが起らないとき, すな

わち A の二つの異なる要素に対応する B の要素は必ず異なるとき
は f は A から B への **1 対 1** の写像または A から B への **単射**であ
るという．言い換えれば $f: A \longrightarrow B$ が 1 対 1 の写像つまり単射で
あるとは，a, a' を $a \neq a'$ なる A の任意の二つの要素とするとき，
$f(a) \neq f(a')$ となることである．

例 11　写像 $f: \boldsymbol{R} \longrightarrow \boldsymbol{R}, x \longmapsto 2x$ は $\boldsymbol{R}$ から $\boldsymbol{R}$ の上への写像でし
かも 1 対 1 である．なぜなら $\boldsymbol{R}$ の任意の要素 y に対して $x = \dfrac{y}{2}$ とお
けば $x \in \boldsymbol{R}$ で，$f(x) = f\left(\dfrac{y}{2}\right) = 2\dfrac{y}{2} = y$ となるからこの $f: \boldsymbol{R} \longrightarrow \boldsymbol{R}$
は上への写像である．また $x, x' \in \boldsymbol{R}, x \neq x'$ とすれば，$2x \neq 2x'$ で
あるから $f(x) \neq f(x')$ である．よって f は 1 対 1 である．

例 12　写像 $f: \boldsymbol{R} \longrightarrow \boldsymbol{R}, x \longmapsto |x|$ は 1 対 1 でない．なぜなら
$1 \neq -1$ であるが $f(-1) = 1 = f(1)$ だからである．

「逆写像」の定義に進もう．いま写像 $f: A \longrightarrow B$ は 1 対 1 である
としよう．このとき，b を f の値域 $W(f)$ の要素とすれば $f(a) = b$
となる A の要素 a が値域の定義からつねに存在するが，実はこの
場合このような a はただ一つしかないのである．それには A の
二つの要素 a, a' について $f(a) = b, f(a') = b$ のとき $a = a'$ を示
せばよい．まず $f(a) = b = f(a')$ より $f(a) = f(a')$．一方 f は 1
対 1 であるから，$a \neq a'$ ならば $f(a) \neq f(a')$．この対偶をとって
$f(a) = f(a')$ ならば $a = a'$．以上によって $a = a'$ でなければならな
い．したがって $f: A \longrightarrow B$ が 1 対 1 のとき，f の値域 $W(f)$ のど
の要素 b に対しても $f(a) = b$ となるような A の要素 a がただ一つ
存在する．そこで $W(f)$ の各要素 b にこのような A の要素 a を対
応させることによって $W(f)$ から A への一つの写像が得られる．
この写像を写像 $f: A \longrightarrow B$ の **逆写像** といい，記号で f^{-1} または

$f^{-1} : W(f) \longrightarrow A$ と書く. そうすると $f : A \longrightarrow B$ に対して

$$f^{-1} : W(f) \longrightarrow A が存在して, f^{-1} : b \longmapsto a$$

は

$$f : A \longrightarrow B が 1 対 1 で, f : a \longmapsto b$$

であることを意味する (図 12). なお定義からわかるように f の逆写像 f^{-1} が存在するのは f が 1 対 1 の場合であることに注意しておく.

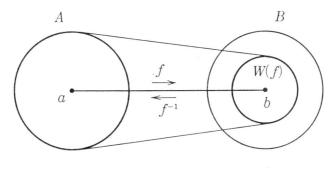

図12

例 13　写像 $f : \boldsymbol{R} \longrightarrow \boldsymbol{R}, x \longmapsto 2x + 1$ の逆写像 f^{-1} が存在して

$$f^{-1} : \boldsymbol{R} \longrightarrow \boldsymbol{R}, x \longmapsto \frac{1}{2}(x - 1)$$

となる. 実際, まず $x, x' \in \boldsymbol{R}, x \neq x'$ ならば $2x+1 \neq 2x'+1$, つまり $f(x) \neq f(x')$ であるから, f は 1 対 1 である. よって f^{-1} が存在する. 次に f の定義から $W(f) \subset \boldsymbol{R}$. 一方 $y \in \boldsymbol{R}$ のとき, $x = \frac{1}{2}(y-1)$ とおくと $x \in \boldsymbol{R} = D(f)$ で $f(x) = 2\left(\frac{1}{2}(y-1)\right) + 1 = y$. ゆえに $y \in W(f)$. したがって $\boldsymbol{R} \subset W(f)$. よって $W(f) = \boldsymbol{R}$. 最後に $x \in \boldsymbol{R} = D\left(f^{-1}\right) = W(f)$ とし, $y = \frac{1}{2}(x-1)$ とおくと, $y \in \boldsymbol{R} = D(f)$

で $f : y \longmapsto 2\left(\dfrac{1}{2}(x-1)\right) + 1 = x$ となるから, $f^{-1} : x \longmapsto \dfrac{1}{2}(x-1)$ である. 以上によって $f^{-1} : \boldsymbol{R} \longrightarrow \boldsymbol{R}, x \longmapsto \dfrac{1}{2}(x-1)$ である.

　まえに述べたようにいま考えている写像は大変一般的なものである. しかし実際によく扱われる写像や重要な写像の多くは当然のことながらもっと特殊なものである. 写像 $f : A \longrightarrow B$ において A, B や f に種々の制約を課すとそれに応じていろいろな種類の写像が得られる. なかでも自然数全体の集合 $\boldsymbol{N}$ を定義域とする写像は特に重要である. このような写像を一般に**列**という. すなわちきちんと言えば A を空集合でない集合とするとき, 写像 $f : \boldsymbol{N} \longrightarrow A$ を集合 A の要素列または単に列というのである. そして A の要素列 $f : \boldsymbol{N} \longrightarrow A$ において $\boldsymbol{N}$ の要素 n に対応する A の要素 $f(n)$ を f の**第 n 項**といい, $f(n)$ の代りに f_n と書く. また列 f 自体を $(f_n), (f_n)_{n \in \boldsymbol{N}}, (f_1, f_2, \cdots, f_n, \cdots)$ あるいは単に第 1 項から順に並べて $f_1, f_2, \cdots, f_n, \cdots$ などと書く.

　例 14　写像 $f : \boldsymbol{N} \longrightarrow \boldsymbol{R}, n \longmapsto \dfrac{1}{n}$ は $\boldsymbol{R}$ の要素列で, $f_n = \dfrac{1}{n}$ である. またこの列は $f = \left(\dfrac{1}{n}\right), f = \left(\dfrac{1}{n}\right)_{n \in \boldsymbol{N}}, f = \left(1, \dfrac{1}{2}, \cdots \dfrac{1}{n} \cdots\right)$, あるいは $1, \dfrac{1}{2}, \cdots, \dfrac{1}{n}, \cdots$ などとも書かれる.

　列の中でも特に実数全体の集合 $\boldsymbol{R}$ の要素列を**数列**という. すなわち写像 $f : \boldsymbol{N} \longrightarrow \boldsymbol{R}$ が数列である. 例 14 の列は数列の一例である.

　次に列のほかに基礎的な種類の写像として挙げられるのは値域が $\boldsymbol{R}$ の部分集合になっているもの, つまり値が実数になるようなものである. 中学校や高等学校で学ぶ「関数」はこのような写像である. この本でも習慣にしたがって空集合でない集合 A から実数全体の集合 $\boldsymbol{R}$ への写像を一般に**関数**と呼ぶことにする. 関数 $f : A \longrightarrow \boldsymbol{R}$ はまた A 上の関数とも呼ばれる. 関数という概念をこ

のように定義すると数列は関数の一種である．というのは数列は N 上の関数にほかならないからである．また例 3 の写像は R 上の関数であり，例 5 の写像は $A = \{x | x \in R, 0 \leqq x \leqq 1\}$ 上の関数である．これらはみな実数の集合上の関数であるが，例 9 で述べた写像 f や g は実数の集合 $(a, b]$ を要素とする集合 A 上の関数である．

　ところでこれから以下の 3 つの章で「極限」と「連続」の問題を考えるのであるが，そのときに扱う写像はここで定義した意味での数列や実数集合上の関数であって，このほかの写像やもっと一般な写像は扱わないことにする．

　次の演習問題はどれも写像や合成写像の簡単な性質を証明する問題で，これらの定義をよく理解しておれば別に難しいことはない．

　問 1　写像 $f : A \longrightarrow B$ において，C, D を B の任意の部分集合とするとき，次の関係式が成り立つことを証明せよ．

$$(1) \quad f^{-1}(C \cup D) = f^{-1}(C) \cup f^{-1}(D)$$
$$(2) \quad f^{-1}(C \cap D) = f^{-1}(C) \cap f^{-1}(D)$$
$$(3) \quad f^{-1}(C - D) = f^{-1}(C) - f^{-1}(D).$$

　問 2　三つの写像 $f : A \longrightarrow B$, $g : B \longrightarrow C$, $h : C \longrightarrow D$ に対して次の合成写像の結合法則が成り立つことを証明せよ．

$$h \circ (g \circ f) = (h \circ g) \circ f.$$

　問 3　空集合でない集合 A に対して，A の各要素 a に a 自体をそれぞれ対応させることによって A から A への一つの写像が得られる．この写像を A の恒等写像といい I_A という記号で表す．すなわち

$$I_A : A \longrightarrow A, \ a \longmapsto a.$$

　この定義と記号の下で，写像 $f : A \longrightarrow B$ が 1 対 1 のとき，次の関

係式が成り立つことを証明せよ.

$$f^{-1} \circ f = I_A$$
$$f \circ f^{-1} = I_{W(f)}.$$

第4章

数列の極限

　この章で数列の「極限」についてそのごく基本的な事柄を述べる．あとの章で述べる関数の「極限」や「連続性」とついてもそうであるが，これらは高校数学ではかなり直観的に扱われているものである．しかしこの本ではこれらの問題を2章で明らかにされた実数の諸性質に基づいてできるだけ論理的に扱ってみる．まえがきでもふれたように一般に極限や連続性の問題は直観だけにたよっていてはその本質がよく摑めないように思う．だから読者は直観を超えて論理に留意しながら読んでみられたい．もちろんこれからも説明には実数直線のような周知の図形的表現をも利用するが，これはあくまで理解を助けるための補助手段にすぎない．

　まえの章で述べたように数列とは自然数全体の集合 N から実数全体の集合 R への写像のことであった．したがって数列 f が与えられたとき，自然数 $1, 2, 3, \cdots, n, \cdots$ のおのおのに対して f の値として実数 $f_1, f_2, f_3, \cdots, f_n \cdots$ がそれぞれ定まるが，ここで n が「大きくなる」と f の値 f_n はどうなるかという問題を，数列 $f = \left(2, \dfrac{3}{2}, \dfrac{4}{3}, \cdots, \dfrac{n+1}{n}, \cdots\right)$ を例にとって考えてみよう．試みに $n = 100, 1000, 10000$ のときの f の値 $f_{100}, f_{1000}, f_{10000}$ を調べてみると，$f_{100} = 1.01, f_{1000} = 1.001, f_{10000} = 1.0001$ となってこれらは次第に1に「近くなる」ようにみえる．いま実数を実数直線上の点とみなし，二つの実数の差の絶対値をそれら二点間の距離と考えると，これらの f_n が1にどの程度「近い」かは f_n と1の差の絶対値 $|f_n - 1|$ の大きさで測ることができよう．この考えを使うと $|f_{100} - 1| = 0.01, |f_{1000} - 1| = 0.001, |f_{10000} - 1| = 0.0001$ であるから，n が $100, 1000, 10000$ と大きくなるにつれて $|f_n - 1|$ は $0.01, 0.001, 0.0001$ と小さくなり，これらが1に近くなる様子がもっとはっきりみえてくる．そこでいま正の数 ε をとってこの ε 程度に1に近い f_n は，つまり f_n と1の距離 $|f_n - 1|$ が ε より小さいような f_n はどのような項であるか，言い換えればどのよう

な n に対して

$$|f_n - 1| < \varepsilon$$

となるかを調べてみよう．$U(1,\varepsilon) = \{x | x \in \boldsymbol{R},\ |x-1| < \varepsilon\} = \{x | x \in \boldsymbol{R},\ 1-\varepsilon < x < 1+\varepsilon\}$ とおくと，f_n が $|f_n - 1| < \varepsilon$ を満たすということは f_n が $U(1,\varepsilon)$ に属することを意味する（図13）．

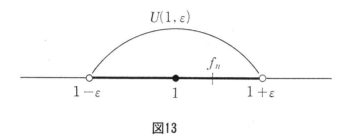

図13

$f_n \in U(1,\varepsilon)$ なる n の集合は f による $U(1,\varepsilon)$ の原像 $f^{-1}(U(1,\varepsilon)) = \{n | n \in \boldsymbol{N},\ f_n \in U(1,\varepsilon)\}$ である．ところが，$f_n = \dfrac{n+1}{n}$ であるから $|f_n - 1| = \left| \dfrac{n+1}{n} - 1 \right| = \dfrac{1}{n}$．また $\dfrac{1}{n} < \varepsilon \Longleftrightarrow \dfrac{1}{\varepsilon} < n$．ゆえに $f^{-1}(U(1,\varepsilon)) = \left\{ n \middle| n \in \boldsymbol{N},\ n > \dfrac{1}{\varepsilon} \right\}$ である．ところがアルキメデスの原理によって $m > \dfrac{1}{\varepsilon}$ なる自然数 m が存在する．$n \geqq m$ なら $n > \dfrac{1}{\varepsilon}$ であるから

$$\{n | n \in \boldsymbol{N},\ m \leqq n\} \subset f^{-1}(U(1,\varepsilon))$$

となる．すなわち $n \geqq m$ なら $f_n \in U(1,\varepsilon)$ である．したがってこのような m より大きいすべての n に対して $|f_n - 1| < \varepsilon$ となる．このことは実数直線上でこの m より大きい番号をもった点 f_n はどれもみな点 1 までの距離がせいぜい ε のところにあり，ε が小さければこのような f_n は 1 に近いことを意味している．（図14）ところがいまの議論からわかるように 1 までの近さの程度を示す正の数 ε を

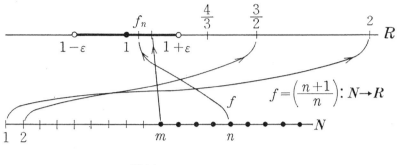

図14

前もってどのように小さく指定してもそれに応じてある自然
数 $m = m(\varepsilon)$ が存在して $n \geqq m$ なるすべての自然数 n に対して
$|f_n - 1| < \varepsilon$ となる．例えば

ε	m	$n \geqq m$	に対して $|f_n - 1| < \varepsilon$
0.01	101	$n \geqq 101$	に対して $|f_n - 1| < 0.01$
0.001	1001	$n \geqq 1001$	に対して $|f_n - 1| < 0.001$
0.0001	10001	$n \geqq 10001$	に対して $|f_n - 1| < 0.0001$
$\vdots$	$\vdots$		$\vdots$

したがってこのことは数列 $f = \left(2, \dfrac{3}{2}, \cdots, \dfrac{n+1}{n}, \cdots \right)$ について，n が
「大きくなる」と f の値 f_n は 1 に「近くなる」という現象を示して
いると考えられる．

　さて一般に数列 $f = (f_n)$ について，n が大きくなると f の値 f_n
が一つの実数 a に「近くなる」という現象がみられるとき，数列
$f = (f_n)$ の「極限」は a であるというのであるが，以上の考察にも
とづいてこの数列の極限を次のように定義する．

　定義　数列 $f = (f_n)$ に対して次の条件を満たす実数 a を f の**極
限**という．

『どんな正の数 ε に対しても適当な自然数 m が存在して $n \geqq m$ なるすべての自然数 n に対して $|f_n - a| < \varepsilon$ となる』.

数列 $f = (f_n)$ の極限は記号で $\lim\limits_{n \to \infty} f_n$ と書き表す. (図 15)

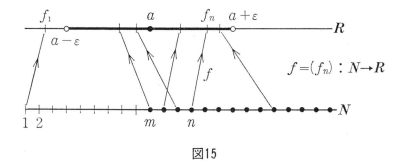

図15

　実数 a が数列 (f_n) の極限であることを, n が大きくなるとき (f_n) は **a に収束**する, あるいは単に (f_n) は a に収束するともいい, $\lim\limits_{n \to \infty} f_n = a$ のほかに $f_n \longrightarrow a(n \longrightarrow \infty), n \longrightarrow \infty$ とき $f_n \longrightarrow a$, または単に $f_n \longrightarrow a$ などの記号が使われる.

　また数列 (f_n) の極限 $\lim\limits_{n \to \infty} f_n$ が存在するとき, (f_n) は **収束**するといい, そうでないときつまり (f_n) の極限 $\lim\limits_{n \to \infty} f_n$ が存在しないとき, 言い換えれば (f_n) が収束しないとき, (f_n) は **発散**するという.

　次に数列 (f_n) に対して

『どんな正の数 G に対しても適当な自然数 m が存在して, $n \geqq m$ なるすべての自然数 n に対して $f_n > G$ となる』

とき, (f_n) は**＋∞に発散**するといい, 記号で $\lim\limits_{n \to \infty} f_n = +\infty, f_n \longrightarrow +\infty(n \longrightarrow \infty), n \longrightarrow \infty$ とき $f_n \longrightarrow +\infty$, または単に $f_n \longrightarrow +\infty$ などと書き表す. また

『どんな正の数 G に対しても適当な自然数 m が存在して, $n \geqq m$ なるすべての自然数 n に対して $f_n < -G$ となる』

とき，(f_n) は **－∞ に発散** するといい，$\lim_{n\to\infty} f_n = -\infty, f_n \longrightarrow$ $-\infty(n \longrightarrow \infty), n \longrightarrow \infty$ とき $f_n \longrightarrow -\infty$，または単に $f_n \longrightarrow -\infty$ などと書く.

　このように数列が $+\infty$ または $-\infty$ に発散するという概念を定義すると，

　『数列 (f_n) が $+\infty$（または $-\infty$）に発散するとき，(f_n) は収束しない，すなわち発散する』

ことが次のようにしてわかる，$f_n \longrightarrow +\infty(n \longrightarrow \infty)$ であるのに (f_n) が収束したと仮定すれば (f_n) の極限 $\lim_{n\to\infty} f_n = a$ が存在する．そうすると $\varepsilon = 1$ に対して自然数 m が存在して $n \geqq m$ なるすべての自然数 n に対して $|f_n - a| < 1$ となり，したがって $-1 < f_n - a < 1, f_n < 1 + a$ となる．また $f_n \longrightarrow +\infty$ であるから，G を，$G > 1 + a$ なる正の数とすればこの G に対して自然数 m' が存在して $n \geqq m'$ なるすべての自然数 n に対し $f_n > G$ となる．いま $n = m + m'$ とおくと $n \geqq m$ かつ $n \geqq m'$ だから $1 + a < G < f_{m+m'} < 1 + a$ となる．したがって $1 + a < 1 + a$．これは矛盾である．よって (f_n) の極限は存在しない．すなわち (f_n) は発散する．$\lim_{n\to\infty} f_n = -\infty$ の場合も同じようにして示される．

　以上によって数列 (f_n) の収束性について次のことがいえる.

$$(f_n)\text{は}\begin{cases}\text{収束する}\\\text{発散する}\end{cases}\begin{cases}+\infty\text{に発散する}\\-\infty\text{に発散する}\\\text{そのほか.}\end{cases}$$

つまり (f_n) について収束するか発散するかどちらか一方だけが成り立ち，発散する場合は $+\infty$ に発散か $-\infty$ に発散するかこのどちらでもないかの三つのうちのどれか一つだけが成り立つ．なお発散のうちの「そのほか」の場合を**振動**するということがある.

　さて数列の極限の定義はふつうとはかなり違った用語法で述べら

れているのでわかりにくい面もあろうが，このようなやり方がいわ
ゆる**エプシロン・デルタ論法**と呼ばれているものなのである．a が
数列 (f_n) の極限であるとは『どんな正の数 ε に対しても適当な自然
数 m が存在して $n \geqq m$ なるすべての自然数 n に対して $|f_n - a| < \varepsilon$
となる』ことであった．すると a が (f_n) の極限でないということ
は『適当な正の数 ε が存在してどんな自然数 m に対しても $n \geqq m$
であるが $|f_n - a| \geqq \varepsilon$ となる自然数 n が存在する』となる．これら
の命題は

　　『どんなエプシロン（正の数 ε）に対しても適当なデルタ（自然数
m）が存在して……』あるいは

　　『適当なエプシロン（正の数 ε）が存在してどんなデルタ（自然数
m）に対しても……』

の形をとっている点にエプシロン・デルタ論法の特徴がみられる．

　ところで極限の定義の書き表し方はこのほかにいろいろある．
いくつかをあげてみよう．『任意の $\varepsilon > 0$ に対してある自然数 m を
とって $n \geqq m$ なるすべての自然数 n に対して $|f_n - a| < \varepsilon$ とでき
る』．『任意の $\varepsilon > 0$ に対してある自然数 m が定まり，$n \geqq m$ なら
ば $|f_n - a| < \varepsilon$ となる』．『$\varepsilon > 0$ が任意に与えられたとき，$n \geqq m$
なるすべての自然数 n に対して $|f_n - a| < \varepsilon$ となるような自然数 m
が存在する』．とくにどれがよいということはいえないし，この本
でもある程度略した表現や変形したものも含めてこれらの表し方を
適宜用いることにする．

　次に定義にしたがって実数 a が数列 (f_n) の極限であることを示
すときの注意を一つ述べておく．$\lim_{n\to\infty} f_n = a$ を定義にしたがって
示すときの要点は，$\varepsilon > 0$ をさきに任意に与えたとき，$n \geqq m$ なる
すべての自然数 n に対して $|f_n - a| < \varepsilon$ となるような自然数 m が存
在する（定まる，とれる）ことを示す点にあるのだが，その際適当
な m が「存在する」ことさえいえばよいのであって，m の値をき
ちんと「求める」必要はないのである．

例 1　a を実数とし，どの自然数 n にも a を対応させる数列 $(a,a,\cdots,a,\cdots)$ は a に収束する．すなわち $f = (a,a,\cdots,a,\cdots)$ とおけば $f_n = a$ で

$$f_n \longrightarrow a(a \longrightarrow \infty).$$

このためには $\varepsilon > 0$ が与えられたとき，$n \geqq m$ なるすべての n に対して $|f_n - a| < \varepsilon$ となるような自然数 m が存在することを示せばよいのであるが，f の定義から

$$n \geqq 1 ならば |f_n - a| = |a - a| = 0 < \varepsilon$$

であるから $m = 1$ がこのような自然数になっている．

次の公式 1, 2 は非常に重要で後で述べる比較法（4.8）を応用する際に比較数列としてしばしば用いられる．

公式 1　$\dfrac{1}{n} \longrightarrow 0 \quad (n \longrightarrow \infty)$

（証明）$\varepsilon > 0$ が与えられたとき，アルキメデスの原理によって $m_0 > \dfrac{1}{\varepsilon}$ となる自然数 m_0 が存在する．この m_0 について，$n \geqq m_0$ ならば $\left|\dfrac{1}{n} - 0\right| = \dfrac{1}{n} \leqq \dfrac{1}{m_0} < \varepsilon$ である．したがってどんな $\varepsilon > 0$ に対しても $n \geqq m$ なるすべての n に対して $\left|\dfrac{1}{n} - 0\right| < \varepsilon$ となるような m が存在する．$m = m_0$ がこの条件を満しているからである．（終）

公式 2　$n \longrightarrow +\infty \quad (n \longrightarrow \infty)$

（証明）$G > 0$ が与えられたとき，アルキメデスの原理によって $m_0 > G$ なる自然数 m_0 が存在する．この m_0 について $n \geqq m_0$ なら

ば $n \geqq m_0 > G$ となる．ゆえに任意の $G > 0$ に対してこのような m_0 をとると $n \geqq m_0$ なるすべての n に対して $n > G$ となる．よって $n \longrightarrow +\infty (n \longrightarrow \infty)$．（終）

　数列は極限をもつとは限らないが，数列の極限は存在してもたかだか一つである，すなわち

　（**4.1**）　『数列 (f_n) の極限 $\lim_{n\to\infty} f_n$ が存在すればそれはただ一つである』．

　（証明）$f_n \longrightarrow a$ かつ $f_n \longrightarrow a'$ とする．$a = a'$ をいえばよい．$\varepsilon > 0$ とする．$f_n \longrightarrow a$ から $\frac{\varepsilon}{2} > 0$ に対して自然数 m_1 が存在して $n \geqq m_1$ ならば $|f_n - a| < \frac{\varepsilon}{2}$ となる．一方 $f_n \longrightarrow a'$ から $\frac{\varepsilon}{2} > 0$ に対して自然数 m_2 が存在して $n \geqq m_2$ ならば $|f_n - a'| < \frac{\varepsilon}{2}$ となる．いま $n_1 = m_1 + m_2$ とおけば $n_1 \geqq m_1$ かつ $n_1 \geqq m_2$ であるから $\left|f_{n_1} - a\right| < \frac{\varepsilon}{2}$ かつ $\left|f_{n_1} - a'\right| < \frac{\varepsilon}{2}$ である．ところが $|a - a'| = \left|\left(a - f_{n_1}\right) + \left(f_{n_1} - a'\right)\right| \leqq \left|a - f_{n_1}\right| + \left|f_{n_1} - a'\right| = \left|f_{n_1} - a\right| + \left|f_{n_1} - a'\right| < \frac{\varepsilon}{2} + \frac{\varepsilon}{2} = \varepsilon$ となる．ここで絶対値の基本性質 (3), (2) を用いた．したがって $|a - a'| < \varepsilon$．$\varepsilon > 0$ は任意で $|a - a'| \geqq 0$ であるから (2.17) によって $|a - a'| = 0$．したがって絶対値の基本性質 (1) により $a = a'$ でなければならない．（終）

　次の結果は簡単なものであるが，$f_n \longrightarrow a$ を示すには $|f_n - a| \longrightarrow 0$ を示せばよいことを意味している．

　（**4.2**）　『数列 (f_n) について $f_n \longrightarrow a$ なるための必要十分条件は $|f_n - a| \longrightarrow 0$ となることである』．

　なぜなら，$|f_n - a| = ||f_n - a| - 0|$ だからである．

　また数列の収束性および極限ははじめの有限個の項には関係しない．すなわち

78

（4.3）　『数列 $(f_1, f_2, \cdots, f_n, \cdots\cdots)$ が a に収束すれば数列 $(g_1, \cdots, g_k, f_1, f_2, \cdots, f_n, \cdots)$ も a に収束し，この逆も成り立つ．同じことは $+\infty(-\infty)$ に発散する場合についても成り立つ』．

（証明）$(h_1, h_2, \cdots, h_k, h_{k+1}, \cdots) = (g_1, \cdots, g_k, f_1, f_2, \cdots)$ とおくと，$h_1 = g_1, h_2 = g_2, \cdots\cdots, h_k = g_k, h_{k+1} = f_1, \cdots, h_{k+n} = f_n, \cdots\cdots$ である．さて $f_n \longrightarrow a$ とすると $\varepsilon > 0$ に対して自然数 m が存在して $n \geqq m$ ならば $|f_n - a| < \varepsilon$ となる．そこで $m' = m + k$ とおくと，$n \geqq m' = m + k$ ならば，$n - k \geqq m$ だから $|h_n - a| = |h_{k+(n-k)} - a| = |f_{n-k} - a| < \varepsilon$ となる．したがって任意の $\varepsilon > 0$ に対してこのように m' をとると $n \geqq m'$ ならば $|h_n - a| < \varepsilon$ となる．ゆえに $h_n \longrightarrow a$．逆に $h_n \longrightarrow a$ とすると，$\varepsilon > 0$ に対して自然数 m'' が存在して $n \geqq m''$ ならば $|h_n - a| < \varepsilon$ となる．$n \geqq m''$ ならば $k + n \geqq m''$ だから $|f_n - a| = |h_{k+n} - a| < \varepsilon$．したがって $\varepsilon > 0$ に対してこの m'' をとると $n \geqq m''$ ならば $|f_n - a| < \varepsilon$ となる．ゆえに $f_n \longrightarrow a$．また $+\infty(-\infty)$ に発散する場合を証明するには上の証明で ε を G に，$|f_n - a| < \varepsilon$ の形の不等式を $f_n > G(< -G)$ の形のものにそれぞれ置き換えればよい．（終）

例2　$(h_1, \cdots, h_n, \cdots) = \left(-1, -2, \cdots, -100, 1, \dfrac{1}{2}, \cdots, \dfrac{1}{n}, \cdots\right)$ とおけば，$h_n \longrightarrow 0$．また $(g_1, \cdots, g_n, \cdots) = \left(\dfrac{1}{100}, \dfrac{1}{101}, \cdots, \dfrac{1}{n}, \cdots\right)$ とおいても $g_n \longrightarrow 0$．どちらの数列も $\left(1, \dfrac{1}{2}, \cdots, \dfrac{1}{n}, \cdots\right)$ と同じ極限をもつからである．

次に数列の「有界性」と「単調性」の概念を導入しょう．これらは極限の研究にとって重要な役割を演ずるものである．

定義　数列 (f_n) が**上に有界**であるとは，ある実数 K が存在してすべての自然数 n に対して $f_n \leqq K$ となることである．また数列

(f_n) が**下に有界**であるとは，ある実数 L が存在してすべての自然数 n に対して $f_n \geqq L$ となることである．そして数列 (f_n) が**有界**であるとは (f_n) が上にも下にも有界なこと，すなわちある実数 K と L が存在してすべての自然数 n に対して $L \leqq f_n \leqq K$ となることである．

　数列 $f = (f_n)$ が上に有界なことは f の値域 $W(f)$ が $\boldsymbol{R}$ の部分集合として上に有界なことと同じである．下に有界，有界の場合についても同じことがいえる．なぜなら $x \in W(f)$ であるということは $x = f_n$ なる $n \in \boldsymbol{N}$ が存在することを意味しているからである．また数列 (f_n) が有界であるということは，すべての自然数 n に対して $|f_n| \leqq M$ となる実数 M が存在することであるとしてもよい．なぜなら $L \leqq f_n \leqq K$ ならば，$M = \max\{|L|, |K|\}$ とおけば $|f_n| \leqq M$ となるからである．

　定義　数列 (f_n) が**単調増大**であるとは，すべての自然数 n に対して $f_n \leqq f_{n+1}$ が成り立つことである．また数列 (f_n) が**単調減少**であるとは，すべての自然数 n に対して $f_n \geqq f_{n+1}$ が成り立つことである．そして単調増大と単調減少を総称して**単調**という．

　このように定義すると単調増大数列 (f_n) について

$$f_1 \leqq f_2 \leqq f_3 \leqq \cdots \leqq f_n \leqq \cdots$$

となり，$1 \leqq p < q$ ならば $f_p \leqq f_q$ となる．また単調減少数列 (f_n) については

$$f_1 \geqq f_2 \geqq f_3 \geqq \cdots \geqq f_n \geqq \cdots$$

となり，$1 \leqq p < q$ ならば $f_p \geqq f_q$ となる．

　例 3　自然数 n に対し $f_n = \left(1 + \dfrac{1}{n}\right)^n$ とおくことによって定義される数列 (f_n) は単調増大な有界数列である．なぜなら二項定理

によって

$$f_n = \left(1 + \frac{1}{n}\right)^n = 1 + \frac{n}{1!}\left(\frac{1}{n}\right) + \frac{n(n-1)}{2!}\left(\frac{1}{n}\right)^2 +$$
$$\cdots + \frac{n(n-1)\cdots(n-r+1)}{r!}\left(\frac{1}{n}\right)^r + \cdots + \left(\frac{1}{n}\right)^n$$
$$- 1 + \frac{1}{1!} + \frac{1}{2!}\left(1 - \frac{1}{n}\right) +$$
$$\cdots + \frac{1}{n!}\left(1 - \frac{1}{n}\right)\left(1 - \frac{2}{n}\right)\cdots\left(1 - \frac{r-1}{n}\right) +$$
$$\cdots + \frac{1}{n!}\left(1 - \frac{1}{n}\right)\left(1 - \frac{2}{n}\right)\cdots\left(1 - \frac{n-1}{n}\right)$$

同じように

$$f_{n+1} = \left(1 + \frac{1}{n+1}\right)^{n+1} = 1 + \frac{1}{1!} + \frac{1}{2!}\left(1 - \frac{1}{n+1}\right) +$$
$$\cdots + \frac{1}{r!}\left(1 - \frac{1}{n+1}\right)\left(1 - \frac{2}{n+1}\right)\cdots\left(1 - \frac{r-1}{n+1}\right) +$$
$$\cdots + \frac{1}{n!}\left(1 - \frac{1}{n+1}\right)\left(1 - \frac{2}{n+1}\right)\cdots\left(1 - \frac{n-1}{n+1}\right)$$
$$+ \frac{1}{(n+1)!}\left(1 - \frac{1}{n+1}\right)\left(1 - \frac{2}{n+1}\right)\cdots\left(1 - \frac{n}{n+1}\right)$$

f_n と f_{n+1} を比べるとどちらの式の各項も正で，項の数は f_n より f_{n+1} の方が最後の項だけ多く，対応する項では f_n より f_{n+1} の方が大きいから，$f_n < f_{n+1}$ となる．ここで n は任意の自然数でよい．

よって (f_n) は単調増大である．ところで，

$$f_n < 1 + \frac{1}{1!} + \frac{1}{2!} + \cdots + \frac{1}{r!} + \cdots + \frac{1}{n!}$$

$$= 1 + \frac{1}{1} + \frac{1}{2 \cdot 1} + \frac{1}{3 \cdot 2 \cdot 1} + \cdots + \frac{1}{r(r-1)\cdots 2 \cdot 1} +$$

$$\cdots + \frac{1}{n(n-1)\cdots 3 \cdot 2 \cdot 1}$$

$$< 1 + \frac{1}{1} + \frac{1}{2} + \frac{1}{2 \cdot 2} + \cdots + \frac{1}{2 \cdot 2 \cdots 2} + \cdots + \frac{1}{2 \cdot 2 \cdots 2 \cdot 2}$$

$$= 1 + 1 + \frac{1}{2} + \left(\frac{1}{2}\right)^2 + \cdots + \left(\frac{1}{2}\right)^{r-1} + \cdots + \left(\frac{1}{2}\right)^{n-1}$$

$$= 1 + \frac{1 - \left(\frac{1}{2}\right)^n}{1 - \frac{1}{2}} < 1 + 2 = 3$$

ゆえに $f_n < 3$ である．他方 $0 < \left(1 + \frac{1}{n}\right)^n = f_n$ である．したがってすべての自然数 n に対して $0 < f_n < 3$ となる．よって (f_n) は有界である．

次に数列の収束性について考えてみよう．

（**4.4**）　『数列 (f_n) が収束すれば，(f_n) は有界である』．

（証明）(f_n) は収束するのであるから (f_n) の極限を a とおくと

$$f_n \longrightarrow a.$$

いま $\varepsilon = 1 > 0$ とすれば，これに対して自然数 m が存在して $n \geqq m$ ならば $|f_n - a| < 1$ となる．したがって $a - 1 < f_n < a + 1$ が $n \geqq m$ なるすべての n に対して成り立つ．そこで $K = \max\{f_1, f_2, \cdots, f_{m-1}, a+1\}, L = \min\{f_1, f_2, \cdots, f_{m-1}, a-1\}$ とおけば，すべての自然数 n に対して $L \leqq f_n \leqq K$ となる．なぜなら $1 \leqq n \leqq m-1$ のときは最大値，最小値の定義から $L \leqq f_n \leqq K$ で，$n \geqq m$ のときは $L \leqq a - 1 < f_n < a + 1 \leqq K$ となるからである．よって (f_n) は有界である．（終）

　ところが次の例 4 によるようにこの（4.4）の逆が成り立たない
のである．すなわち収束しない（つまり発散する）有界数列が存在
する．

　例 4　数列 $(f_n) = (-1, 1, -1, 1, \cdots, (-1)^n, \cdots)$ は有界数列ではある
が，収束しない（つまり発散する）．

　なぜなら，$|f_n| = |(-1)^n| = 1$ であるから $|f_n| \leqq 1$ はすべての自然
数 n に対して成り立つ．よって (f_n) は有界である．ところが (f_n)
は収束しない．かりにもし (f_n) が収束したとすれば $\lim_{n \to \infty} f_n = a$
が存在する．したがってどんな $\varepsilon > 0$ に対しても，$n \geqq m$ ならば
$|f_n - a| < \varepsilon$ となる自然数 m が存在する．$n_1 = 2m+1$, $n_2 = 2m$ とお
くと，$n_1 \geqq m$, $n_2 \geqq m$ であるから $|f_{n_1} - a| < \varepsilon$, $|f_{n_2} - a| < \varepsilon$. そうす
ると $\left| f_{n_1} - f_{n_2} \right| = \left| \left(f_{n_1} - a \right) + \left(a - f_{n_2} \right) \right| \leqq \left| f_{n_1} - a \right| + \left| f_{n_2} - a \right| <$
$\varepsilon + \varepsilon = 2\varepsilon$. 他方 $\left| f_{n_1} - f_{n_2} \right| = \left| (-1)^{2m+1} - (-1)^{2m} \right| = |-1-1| = 2$.
したがって $2 < 2\varepsilon$. ε は任意に与えてよかったから特に $\varepsilon = \dfrac{1}{2}$ にと
れば $2 < 2 \cdot \dfrac{1}{2} = 1$ となる．これは矛盾である．よって (f_n) は収束
しない．

　以上のことから，数列が有界なことは数列が収束するための必要
条件であるが十分条件でないことがわかる．したがってこのことか
ら言えるのは

『有界でない数列は発散する』

ということだけである．では『数列が収束するための必要十分条件
は何か』．これに対する答えとしてもっとも基本的でしかもきわめ
て重要なものは，単調数列については次に述べる定理 4.1 であり，
一般の数列についてはそのあとで述べるフランスの数学者 Cauchy
(1789-1857) におう**コーシーの定理**（定理 4.2）である．なお証明
をみればわかるようにこれらの定理の基礎になっているのは実数の
連続性であることに注意しておく．

> **定理 4.1.** 単調増大数列 (g_n) が収束するための必要十分条件は (g_n) が上に有界なことであり，また単調減少数列 (h_n) が収束するための必要十分条件は (h_n) が下に有界なことである.

この定理の必要性の部分は（4.4）から直ちに得られる．実際に (g_n) が収束すれば（4.4）によって (g_n) は有界，したがってもちろん上に有界である．(h_n) についても同じである．ゆえにこの定理にとって本質的なのは次の十分性の部分である.

『上に有界な単調増大数列は収束する．また下に有界な単調減少数列は収束する』.

ところがこの十分性の部分は次の（4.5）のようにもうすこし一般な形で成り立つ．それを示すためにまず数列の上限，下限を定義しよう．いま数列 $f = (f_n)$ が与えられたとき，f の値域 $W(f) = \{f_1, f_2, \cdots, f_n, \cdots\} \neq \phi$ であるから実数の連続性によって $\sup W(f), \inf W(f)$ がそれぞれ確定する．そこでこれらをそれぞれ数列 (f_n) の上限，(f_n) の下限と呼び，記号で $\sup\limits_{n \geqq 1} f_n, \inf\limits_{n \geqq 1} f_n$ と書くことにする．すなわち

$$\sup_{n \geqq 1} f_n = \sup \{f_1, f_2, \cdots, f_n, \cdots\}$$

$$\inf_{n \geqq 1} f_n = \inf \{f_1, f_2, \cdots, f_n, \cdots\}.$$

そうすると，$\sup\limits_{n \geqq 1} f_n < +\infty$，つまり $\sup\limits_{n \geqq 1} f_n$ が有限なことは数列 (f_n) が上に有界なことと同値であり，$\inf\limits_{n \geqq 1} f_n > -\infty$，つまり $\inf\limits_{n \geqq 1} f_n$ が有限なことは数列 (f_n) が下に有界なことと同値である．このような記法を用いると

（**4.5**）　『数列 (g_n) が単調増大ならば

$$g_n \longrightarrow \sup_{n \geqq 1} g_n (n \longrightarrow \infty).$$

また数列 (h_n) が単調減少ならば

$$h_n \longrightarrow \inf_{n \geq 1} h_n \quad (n \longrightarrow \infty) 」.$$

（証明）$g = (g_n)$ とし，はじめに $a = \sup_{n \geq 1} g_n < +\infty$ すなわち (g_n) が上に有界の場合を証明しよう．まず $\varepsilon > 0$ を任意に与える．(2.28) の上限の条件（2）によって $a - \varepsilon < x$ となる $x \in W(g)$ が存在する．したがって $x = g_m$ となる $m \in \boldsymbol{N}$ が存在する．ゆえにこの m について

$$a - \varepsilon < g_m \qquad\qquad ①$$

となる．一方 a は $W(g)$ の上界であるから

$$\text{すべての } n \in \boldsymbol{N} \text{ に対して } g_n \leq a. \qquad ②$$

いま $n \geq m$ とすると (g_n) の単調増大性から

$$g_m \leq g_n. \qquad\qquad ③$$

①，②，③から $a - \varepsilon < g_m \leq g_n \leq a$．これから $a - \varepsilon < g_n < a + \varepsilon$．ゆえに $|g_n - a| < \varepsilon$．以上によって $\varepsilon > 0$ が任意に与えられたとき，このように m をとると $n \geq m$ ならば $|g_n - a| < \varepsilon$ となる．よって $g_n \longrightarrow a$．これで (g_n) が上に有界の場合が証明された．

次に $\sup_{n \geq 1} g_n = +\infty$ とする．この場合 $W(g)$ は上に有界でないから $G > 0$ を任意に与えると，$G < x$ なる $x \in W(g)$ が存在する．したがって $x = g_m$ なる $m \in \boldsymbol{N}$ が存在する．そして $G < g_m$ である．一方 (g_n) の単調増大性によって $n \geq m$ ならば $g_m \leq g_n$．したがって $G < g_m \leq g_n$．ゆえに $n \geq m$ ならば $G < g_n$．以上によって任意の $G > 0$ に対してこのように m をとると $n \geq m$ ならば $G < g_n$ となる．よって $g_n \longrightarrow +\infty$．

単調減少の場合も同じようにして証明される．（終）

この定理 4.1. を用いて次の重要な公式が得られる.

> **公式 3**　例 3 の数列は収束する. したがってこの数列の極限を e という文字で表すと
> $$\left(1+\frac{1}{n}\right)^n \longrightarrow e(n \longrightarrow \infty).$$

例 3 で示したようにこの数列は上に有界で単調増大だからである. この e が自然対数の底である.

　一般の数列に対して収束の必要十分条件を与えているコーシーの定理を述べよう.

> **定理 4.2.**　（**コーシーの定理**）数列 (f_n) が収束するための必要十分条件は, どんな正の数 ε に対してもある自然数 m が存在して $p \geqq m, q \geqq m$ なるすべての自然数 p, q に対して $|f_p - f_q| < \varepsilon$ となることである.

　p, q がともに「大きくなる」と f_p と f_q は「近くなる」ことが (f_n) の収束条件だというのである. （図 16 参照.）

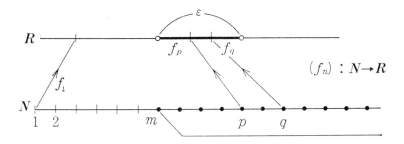

図16

（証明）必要性の証明は難しくない．$\varepsilon > 0$ を与える．(f_n) は収束しているのであるから (f_n) の極限を a とすれば $\frac{\varepsilon}{2} > 0$ に対してある自然数 m が存在して $n \geqq m$ ならば $|f_n - a| < \frac{\varepsilon}{2}$ となる．$p, q \geqq m$ ならば $|f_p - a| < \frac{\varepsilon}{2}, |f_q - a| < \frac{\varepsilon}{2}$. したがって $|f_p - f_q| = |(f_p - a) + (a - f_q)| \leqq |f_p - a| + |a - f_q| = |f_p - a| + |f_q - a| < \frac{\varepsilon}{2} + \frac{\varepsilon}{2} = \varepsilon$. ここで絶対値の基本性質 (2), (3) が使われた．よって $\varepsilon > 0$ が任意に与えられたとき，このような m をとると $p, q \geqq m$ なるすべての自然数 p, q に対して $|f_p - f_q| < \varepsilon$ となる．これで必要性が証明された．

次に十分性を証明しよう．この部分はそう易しくはない．まず『(f_n) が定理の条件，すなわちどんな $\varepsilon > 0$ に対してもある自然数 m が存在して $p, q \geqq m$ ならば $|f_p - f_q| < \varepsilon$ となるを満たすならば (f_n) は有界である』ことに注意しよう．実際，$\varepsilon = 1$ とおく．するとこれに対して m が存在して $p, q \geqq m$ ならば $|f_p - f_q| < 1$ となる．特に $q = m$ とすると $|f_p - f_m| < 1$. したがって $p \geqq m$ ならば $f_m - 1 < f_p < f_m + 1$. $K = \max \{|f_1|, \cdots, |f_{m-1}|, |f_m + 1|, |f_m - 1|\}$ とおくとすべての $n \in \mathbf{N}$ に対して $-K \leqq f_p \leqq K$ となる．実際 $1 \leqq n \leqq m - 1$ ならば $-K \leqq -|f_n| \leqq f_n \leqq |f_n| \leqq K$. $n \geqq m$ ならば $-K \leqq -|f_m - 1| \leqq f_m - 1 < f_n < f_m + 1 \leqq |f_m + 1| \leqq K$. よって (f_n) は有界である．

さていま注意したことによって定理の条件を満たす数列 (f_n) は有界であるから，任意の $p \in \mathbf{N}$ に対して数列 $(f_p, f_{p+1}, \cdots)$ は上に有界である．したがって $\sup_{n \geqq p} f_n$ は有限である．そこで各 $p \in \mathbf{N}$ に対して $g_p = \sup_{n \geqq p} f_n$ とおいて数列 $(g_1, g_2, \cdots, g_p, \cdots)$ を考えると，この数列は単調減少で下に有界になる．なぜなら $\{f_p, f_{p+1}, \cdots\} \supset \{f_{p+1}, \cdots\}$ であるから (2.27) によって $\sup \{f_p, f_{p+1}, \cdots\} \geqq \sup \{f_{p+1}, \cdots\}$ である．ゆえに $g_p \geqq g_{p+1}$，すなわち (g_p) は単調減少である．他方 (f_n) は有界であるからもちろん下に有界である．したがってある L が

存在してすべての $n \in \boldsymbol{N}$ に対して $L \leqq f_n$ である. 特に $L \leqq f_p$. ところが $f_p \leqq \sup_{n \geqq p} f_n = g_p$. したがって $L \leqq g_p$. p は任意の自然数でよいからこのことは (g_p) は下に有界であることを意味している. よって $(g_1, g_2, \cdots, g_p, \cdots)$ は単調減少で下に有界である. しかも下に有界なことから $\inf_{p \geqq 1} g_p$ は有限である. そこで $a = \inf_{p \geqq 1} g_p$ とおくと, この a が数列 (f_n) の極限である. すなわち $f_n \longrightarrow a$ となる. このことを次に示そう. $\varepsilon > 0$ をまず与える. $\dfrac{\varepsilon}{3} > 0$ に対して定理の仮定から m_1 が存在して

$$p, q \geqq m_1 \text{ ならば } \left| f_p - f_q \right| < \frac{\varepsilon}{3}. \qquad ①$$

一方 $a = \inf_{p \geqq 1} g_p$ であるからこの $\dfrac{\varepsilon}{3}$ に対して (2.28) の $(2')$ によって m_2 が存在して $a < g_{m_2} \leqq a + \dfrac{\varepsilon}{3}$ となる. $m_3 = \max\{m_1, m_2\}$ とおくと, $m_3 \geqq m_2$ で (g_p) は単調減少だから $g_{m_3} \leqq g_{m_2}$. したがって $a \leqq g_{m_3} \leqq g_{m_2} < a + \dfrac{\varepsilon}{3}$. これから $0 \leqq g_{m_3} - a < \dfrac{\varepsilon}{3}$ となる. よって

$$\left| g_{m_3} - a \right| < \frac{\varepsilon}{3}. \qquad ②$$

また $g_{m_3} = \sup_{n \geqq m_3} f_n$ であるから (2.28) の (2) によってやはりこの $\dfrac{\varepsilon}{3} > 0$ に対して

$$g_{m_3} - \frac{\varepsilon}{3} < f_{m_4} \leqq g_{m_3} \qquad ③$$

を満たす $m_4 \geqq m_3$ となる m_4 が存在する. そこで $m = m_3$ とおき, $n \geqq m$ とする. $n \geqq m = m_3 \geqq m_1$, $m_4 \geqq m_3 \geqq m_1$ であるから①より

$$\left| f_n - f_{m_4} \right| < \frac{\varepsilon}{3}. \qquad ④$$

③より $-\dfrac{\varepsilon}{3} < f_{m_4} - g_{m_3} < \dfrac{\varepsilon}{3}$. したがって

$$\left| f_{m_4} - g_{m_3} \right| < \frac{\varepsilon}{3}. \qquad ⑤$$

よって④, ⑤, ②から絶対値の基本性質 (3) を用いて

$$|f_n - a| = \left|\left(f_n - f_{m_4}\right) + \left(f_{m_4} - g_{m_3}\right) + \left(g_{m_3} - a\right)\right|$$
$$\leqq \left|f_n - f_{m_4}\right| + \left|f_{m_4} - g_{m_3}\right| + \left|g_{m_3} - a\right|$$
$$< \frac{\varepsilon}{3} + \frac{\varepsilon}{3} + \frac{\varepsilon}{3} = \varepsilon.$$

したがって $\varepsilon > 0$ が任意に与えられたとき, このように m をとると $n \geqq m$ ならば $|f_n - a| < \varepsilon$ となる. よって $f_n \longrightarrow a(n \longrightarrow \infty)$ である.

　これで十分性が証明され, コーシーの定理が証明された. (終)

　さきに有界な数列は必ずしも収束するとは限らないことを示した. しかし定理 4.3 で述べるように数列が有界ならば適当に「部分列」を取り出してそれが収束するようにできるのである. 次に部分列の定義を述べよう.

　定義　$f = (f_n)$ を数列とする. また $g = (n_k)$ は $\boldsymbol{N}$ から $\boldsymbol{N}$ への写像, つまり自然数を項にもつ数列で, $k < k'$ ならば $n_k < n_{k'}$ を満たすものとする. このとき $g : \boldsymbol{N} \longrightarrow \boldsymbol{N}, f : \boldsymbol{N} \longrightarrow \boldsymbol{R}$ であるから g と f の合成写像 $f \circ g : \boldsymbol{N} \longrightarrow \boldsymbol{R}$ が存在する. この $f \circ g$ も数列であるが, これを f の一つの**部分列**という. すなわち $h = (h_k)_{k \in \boldsymbol{N}}$ が $f = (f_n)_{n \in \boldsymbol{N}}$ の部分列であるとは $h = f \circ g$, つまりすべての自然数 k に対して $h_k = f_{n_k}$ が成り立つような $k < k'$ ならば $n_k < n_{k'}$ を満たす自然数列 $g = (n_k) : \boldsymbol{N} \longrightarrow \boldsymbol{N}$ が存在することである. $g = (n_k)$ を用いて作られる $f = (f_n)$ の部分列 $f \circ g$ を普通 $\left(f_{n_k}\right)$ と書く. 部分列を定める自然数列 (n_k) は 1 対 1 で大小の関係を保つから, (f_n) の部分列 $\left(f_{n_k}\right)$ は

$$f_1, \cdots, f_{n_1}, \cdots, f_{n_2}, \cdots, f_{k_n}, \cdots$$

から第 n_1 項, 第 n_2 項, $\cdots$, 第 n_k 項 $\cdots$ を順に取り出してそれらを

順に第 1 項，第 2 項，…，第 k 項，… として得られる数列

$$f_{n_1}, f_{n_2}, \cdots, f_{n_k}, \cdots$$

のことである．

　なお部分列を定める自然数列 (n_k) について，すべての k に対して $k \leqq n_k$ となること，したがって $n_k \longrightarrow +\infty (k \longrightarrow \infty)$ に注意しておく．ここで $k \leqq n_k$ は，n_k が自然数で $1 \leqq n_1 < n_2 < \cdots < n_k$ からわかる．

　例 5　$(n_k) = (2k)$ とすると (f_n) の部分列 $\left(f_{n_k}\right)$ は (f_n) の偶数番目の項だけから作られる数列である．すなわち $\left(f_{n_k}\right) = (f_2, f_4, f_6, f_8, \cdots)$．$(n_k) = (2^k)$ とすると $\left(f_{n_k}\right) = (f_2, f_4, f_8, f_{16}, \cdots)$．また $(f_n) = \left(\dfrac{1}{2^n}\right)$ とし $(n_k) = (2k-1)$ とすると $\left(f_{n_k}\right) = \left(\dfrac{1}{2}, \dfrac{1}{8}, \dfrac{1}{32}, \dfrac{1}{128}, \cdots\right)$ である．

　さて数列とその部分列の収束性について次の結果が成り立つ．

　（**4.6**）　『数列 (f_n) が a に収束すれば，(f_n) のすべての部分列 $\left(f_{n_k}\right)$ は a に収束する．また (f_n) が $+\infty$ に発散すれば (f_n) のすべての部分列 $\left(f_{n_k}\right)$ は $+\infty$ に発散する．$-\infty$ に発散する場合についても同じことがいえる』．

　（証明）$f_n \longrightarrow a$ であるから，$\varepsilon > 0$ を任意に与えるとある自然数 m が存在して $n \geqq m$ ならば $|f_n - a| < \varepsilon$ となる．部分列を定める (n_k) に対して $m \leqq n_m$ で，$k \geqq m$ ならば $n_m \leqq n_k$ であるから，$n_k \geqq m$．ゆえに $\left|f_{n_k} - a\right| < \varepsilon$．よって任意の $\varepsilon > 0$ に対してこのような m をとると $k \geqq m$ ならば $\left|f_{n_k} - a\right| < \varepsilon$ となる．ゆえに $f_{n_k} \longrightarrow a$，$+\infty$ または $-\infty$ に発散する場合を証明するには上の証明で ε の代りに G として $|f_n - a| < \varepsilon$ の形の不等式を $G < f_n$ または

$-G > f_n$ の形のものに置き換えればよい．（終）

例 6 a を自然数とする．$(a, a^2, a^3, \cdots)$ は $(1, 2, 3, \cdots)$ の部分列であり，$n \longrightarrow \infty (n \longrightarrow \infty)$ であるから (4.6) によって $a^n \longrightarrow +\infty (n \longrightarrow \infty)$．また $\left(\dfrac{1}{a}, \dfrac{1}{a^2}, \dfrac{1}{a^3}, \cdots\right)$ は $\left(1, \dfrac{1}{2}, \dfrac{1}{3}, \cdots\right)$ の部分列で，$\dfrac{1}{n} \longrightarrow 0 (n \longrightarrow \infty)$ であるから (4.6) によって $\dfrac{1}{a^n} \longrightarrow 0 (n \longrightarrow \infty)$．特に $\dfrac{1}{2^n} \longrightarrow 0 (n \longrightarrow \infty)$．

有界数列の部分列に関する定理を述べよう．

定理 4.3. 数列 (f_n) が有界ならば，(f_n) のある適当な部分列 $\left(f_{n_k}\right)$ は収束する．

（証明）(f_n) は有界であるからコーシーの定理（定理4.2）の十分性の証明のはじめのところで述べたことによって，すべての $p \in \boldsymbol{N}$ に対して $g_p = \sup\limits_{n \geqq p} f_n$ が有限で，しかも $a = \inf\limits_{p \geqq 1} g_p$ が有限である．すなわち $a = \inf\limits_{p \geqq 1} \left(\sup\limits_{n \geqq p} f_n\right)$ が有限である．このとき，(f_n) の部分列 $\left(f_{n_k}\right)$ で a に収束するものが存在することを示す．

まず $1 > 0$ に対して (2.28) によって

$$a \leqq g_{p_1} < a + 1 \quad \text{なる} p_1 \in \boldsymbol{N}$$

が存在する．さらに $g_{p_1} = \sup\limits_{n \geqq p_1} f_n$ であるから (2.28) によって

$$g_{p_1} - 1 < f_{n_1} \leqq g_{p_1}, \quad p_1 \leqq n_1 \text{なる} n_1 \in \boldsymbol{N}$$

が存在する．次に $\dfrac{1}{2} > 0$ に対して $a \leqq g_{p_2{}'} < a + \dfrac{1}{2}$ なる $p_2{}' \in \boldsymbol{N}$ が存在する．$p_2 = n_1 + p_2{}'$ とおくと $p_2{}' < p_2$ で，$\left(g_p\right)$ は単調減少で

あるから $g_{p_2} \leqq g_{p_{2'}}$. また $p_2 > n_1$. よって

$$a \leqq g_{p_2} < \alpha + \frac{1}{2}, \quad n_1 < p_2 なる p_2 \in \mathbf{N}$$

が存在する. そして $g_{p_2} = \sup_{n \geqq p_2} f_n$ から

$$g_{p_2} - \frac{1}{2} < f_{n_2} \leqq g_{p_2}, \quad p_2 \leqq n_2 なる n_2 \in \mathbf{N}$$

が存在する. 同じようにして $\frac{1}{3} > 0$ に対して

$$a \leqq g_{p_3} < a + \frac{1}{3}, \quad n_2 < p_3 なる p_3 \in \mathbf{N}$$

と

$$g_{p_3} - \frac{1}{3} < f_{n_3} \leqq g_{p_3}, \quad p_3 \leqq n_3 なる n_3 \in \mathbf{N}$$

が存在する. このようにして $p_1, n_1, p_2, n_2, \cdots, p_{k-1}, n_{k-1}$ が定まっ
たとすると, $\frac{1}{k} > 0$ に対して

$$a \leqq g_{p_k} < a + \frac{1}{k}, \quad n_{k-1} < p_k なる p_k \in \mathbf{N}$$

が存在し, $g_{p_k} = \sup_{n \geqq p_k} f_n$ から

$$g_{p_k} - \frac{1}{k} < f_{n_k} \leqq g_{p_k}, \quad p_k \leqq n_k なる n_k \in \mathbf{N}$$

が存在する. このようにして自然数列 $(p_k), (n_k)$ と数列 $(g_{n_k}), (f_{n_k})$
が定まる. 定義から $n_1 < p_2 \leqq n_2 < p_3 \leqq n_3 < \cdots \leqq n_{k-1} < p_k \leqq n_k < \cdots$ であるから $n_1 < n_2 < n_3 < \cdots < n_k < \cdots$ である. したがっ
て (f_{n_k}) は (f_n) の部分列である. しかもすべての自然数 k に対し
て

$$a \leqq g_{p_k} < a + \frac{1}{k} \qquad ①$$

$$g_{p_k} - \frac{1}{k} < f_{n_k} \leqq g_{p_k} \qquad ②$$

である．したがって②と①を用いて

$$f_{n_k} - a \leqq g_{p_k} - a < \frac{1}{k}. \qquad ③$$

他方また②と①を用いて

$$f_{n_k} - a > g_{p_k} - \frac{1}{k} - a = \left(g_{p_k} - a\right) - \frac{1}{k} \geqq -\frac{1}{k}. \qquad ④$$

ゆえに③と④から

$$-\frac{1}{k} \leqq f_{n_k} - a \leqq \frac{1}{k}.$$

よってすべての自然数 k に対して

$$\left|f_{n_k} - a\right| \leqq \frac{1}{k}.$$

ところが公式 1 によって $\dfrac{1}{k} \longrightarrow 0 (k \longrightarrow 0)$ であるから，任意の $\varepsilon > 0$ に対してある自然数 m が存在して $k \geqq m$ ならば $\dfrac{1}{k} = \left|\dfrac{1}{k} - 0\right| < \varepsilon$ となる．よってこの m について $k \geqq m$ ならば $\left|f_{n_k} - a\right| \leqq \dfrac{1}{k} < \varepsilon$．すなわち任意の $\varepsilon > 0$ に対してこのように自然数 m をとると $k \geqq m$ ならば $\left|f_{n_k} - a\right| < \varepsilon$ となる．ゆえに $f_{n_k} \longrightarrow a (k \longrightarrow \infty)$．よってこの $\left(f_{n_k}\right)$ は (f_n) の収束する部分列である．（終）

例 7 $(f_n) = ((-1)^n) = (-1, 1, -1, 1, \cdots)$ は有界であるが収束しないことは例 4 で述べた．しかしこの数列の部分列 $(f_{2k}) = ((-1)^{2k}) = (1, 1, 1, \cdots)$ は例 1 によって 1 に収束する．

この定理 4.3 も理論的には大変重要なもので，さきの定理 4.1 と定理 4.2 とあわせてこれらの定理は数列の極限の初等理論における基本定理と考えてよかろう．

次に数列の極限に関する初歩的な結果を（4.7）から（4.12）にまとめておく．これらは数列の極限を求めるときの基礎になる．

（**4.7**）　『**(はさみうちの方法)** 数列 $(g_n),(f_n),(h_n)$ についてすべ
ての自然数 n に対して $g_n \leqq f_n \leqq h_n$ が成り立つとする．このとき
$g_n \longrightarrow a$ かつ $h_n \longrightarrow a$ ならば $f_n \longrightarrow a$ である』．

（証明）まずすべての自然数 n に対して

$$-|g_n - a| \leqq g_n - a \leqq f_n - a \leqq h_n - a \leqq |h_n - a| \qquad ①$$

が成り立つことに注意する．$\varepsilon > 0$ を任意に与える．$h_n \longrightarrow a$
からある自然数 m_1 が存在して $n \geqq m_1$ ならば $|h_n - a| < \varepsilon$ とな
る．また $g_n \longrightarrow a$ からある自然数 m_2 が存在して $n \geqq m_2$ ならば
$|g_n - a| < \varepsilon$ となる．そこで $m = \max\{m_1, m_2\}$ とおくと，$n \geqq m$
ならば $m \geqq m_1$ だから $n \geqq m_1$ で $|h_n - a| < \varepsilon$ となる．同じように
$|g_n - a| < \varepsilon$ となる．したがって $n \geqq m$ ならば①から

$$-\varepsilon < f_n - a < \varepsilon \text{ すなわち } |f_n - a| < \varepsilon$$

となる．よって任意の $\varepsilon > 0$ に対してこのような m をとれば $n \geqq m$
なるすべての n に対して $|f_n - a| < \varepsilon$ となる．ゆえに $f_n \longrightarrow a$.
（終）

（**4.8**）　『**(比較法)** 数列 $(f_n),(g_n)$ についてすべての n に対
して $|f_n - a| \leqq g_n$ が成り立つとする．このとき $g_n \longrightarrow 0$ ならば
$f_n \longrightarrow a$ である．またすべての n に対して $f_n \leqq g_n$ が成り立つ
とき，$f_n \longrightarrow +\infty$ ならば $g_n \longrightarrow +\infty$ であり，$g_n \longrightarrow -\infty$ ならば
$f_n \longrightarrow -\infty$ である』．

（証明）$\varepsilon > 0$ を任意に与えると $g_n \longrightarrow 0$ であるからある自然数 m
が存在して $n \geqq m$ ならば $|g_n - 0| < \varepsilon$．この m について $n \geqq m$ な
らば

$$|f_n - a| \leqq g_n = |g_n - 0| < \varepsilon.$$

94

よって $f_n \longrightarrow a$. 次に $f_n \longrightarrow +\infty$ ならば任意の $G > 0$ に対してある自然数 m が存在して $n \geqq m$ ならば $G < f_n$. $f_n \leqq g_n$ だからこの n に対して $G < f_n \leqq g_n$. ゆえにこの m について $n \geqq m$ ならば $G < g_n$ となる. よって $g_n \longrightarrow +\infty$. $g_n \longrightarrow -\infty$ ならば $f_n \longrightarrow -\infty$ も同じようにして証明される. (終)

(**4.9**) 『数列 $(f_n), (g_n)$ についてすべての自然数 n に対して $f_n \leqq g_n$ が成り立つとする. このとき $f_n \longrightarrow a$ かつ $g_n \longrightarrow b$ ならば $a \leqq b$ である』.

(証明) かりに $a \leqq b$ でなかったとする. そうすると $a > b$, $a - b > 0$. いま $\varepsilon = \dfrac{a-b}{2} > 0$ とおく. $f_n \longrightarrow a$ であるからこの ε に対してある自然数 m_1 が存在して $n \geqq m_1$ ならば $|f_n - a| < \varepsilon$ となる. また $g_n \longrightarrow b$ であるから同じこの ε に対してある自然数 m_2 が存在して $n \geqq m_2$ ならば $|g_n - b| < \varepsilon$ となる. $n_1 = m_1 + m_2$ とおくと $n_1 \geqq m_1, n_1 \geqq m_2$ であるから $|f_{n_1} - a| < \varepsilon, |g_{n_1} - b| < \varepsilon$ となる. このはじめの不等式から $a - \varepsilon < f_{n_1}$ が得られあとの不等式から $g_{n_1} < b + \varepsilon$ が得られる. $f_{n_1} \leqq g_{n_1}$ であるから $a - \varepsilon < f_{n_1} \leqq g_{n_1} < b + \varepsilon$. したがって $a - \varepsilon < b + \varepsilon$. これから $a - b < 2\varepsilon$. $\varepsilon = \dfrac{a-b}{2}$ であるから $a - b < a - b$. これは矛盾である. よって $a \leqq b$. (終)

　この (4.9) は数列の極限は大小の関係を保つことを示している. $\boldsymbol{R}$ にはこの大小の関係のほかに加, 減, 乗, 除の演算が定義されていた. それでは数列の極限はこれらの演算とどのような関係をもつか. これについて述べよう. そのためにまず数列の和, 差, 積, 商, 倍の概念を導入する. 数列 $f = (f_n)$ と $g = (g_n)$ が与えられたとき, 自然数 n に対して $f_n + g_n$ がただ一つ定まるので, $\boldsymbol{N}$ の各要素 n にこの $\boldsymbol{R}$ の要素 $f_n + g_n$ を対応させることによって一つ

94

の数列が得られる．この数列を $f = (f_n)$ と $g = (g_n)$ の**和**といい，$f + g = (f_n) + (g_n)$ という記号で表わす．すなわち

$$f + g = (f_n) + (g_n) = (f_n + g_n).$$

同じように $f = (f_n)$ と $g = (g_n)$ の**差** $f - g = (f_n) - (g_n)$ は

$$f - g = (f_n) - (g_n) = (f_n - g_n)$$

で定義される．また $f = (f_n)$ と $g = (g_n)$ の**積** $fg = (f_n)(g_n)$ を

$$fg = (f_n)(g_n) = (f_n g_n)$$

で，$f = (f_n)$ と $g = (g_n)$ の**商** $\dfrac{f}{g} = \dfrac{(f_n)}{(g_n)}$ を

$$\frac{f}{g} = \frac{(f_n)}{(g_n)} = \left(\frac{f_n}{g_n} \right)$$

でそれぞれ定義する．ただし商の場合 $g = (g_n)$ はすべての n に対して $g_n \neq 0$ とする．さらに α を実数とするとき，数列 $f = (f_n)$ の α 倍 $\alpha f = \alpha(f_n)$ を

$$\alpha f = \alpha(f_n) = (\alpha f_n)$$

で定義する．そうすると f, g を数列とし，α, β を実数とすればすべての自然数 n に対して

$$(\alpha f + \beta g)_n = \alpha f_n + \beta g_n$$

$$(fg)_n = f_n g_n$$

$$\left(\frac{f}{g} \right)_n = \frac{f_n}{g_n}$$

となる．以上のように定義すると数列の極限とこれらの演算の関係について次の結果が成り立つ．

（**4.10**）　『α, β を実数とし，数列 (f_n) は a に収束し，数列 (g_n) は b に収束するとする．このとき数列 $\alpha(f_n) + \beta(g_n)$ は $\alpha a + \beta b$ に

収束し，数列 $(f_n)(g_n)$ は ab に収束し，数列 $\dfrac{(f_n)}{(g_n)}$ は $\dfrac{a}{b}$ に収束する．すなわち

$$f_n \longrightarrow a, g_n \longrightarrow b \text{のとき}$$

$$\alpha f_n + \beta g_n \longrightarrow \alpha a + \beta b \qquad \text{①}$$

$$f_n g_n \longrightarrow ab \qquad \text{②}$$

$$\frac{f_n}{g_n} \longrightarrow \frac{a}{b} \qquad \text{③}$$

ただし商の場合すべての自然数 n に対して $g_n \neq 0$ かつ $b \neq 0$ とする』．

（証明）はじめに次の④，⑤を示そう．

$$\text{『}f_n \longrightarrow a, g_n \longrightarrow b \text{のとき} f_n + g_n \longrightarrow a + b\text{』} \qquad \text{④}$$

$$\text{『}\alpha \text{が実数で,} f_n \longrightarrow a \text{のとき} \alpha f_n \longrightarrow \alpha a\text{』} \qquad \text{⑤}$$

$\varepsilon > 0$ を任意に与える．$f_n \longrightarrow a$ であるから $\dfrac{\varepsilon}{2} > 0$ に対して自然数 m_1 が存在して $n \geqq m_1$ ならば $|f_n - a| < \dfrac{\varepsilon}{2}$ となる．また $g_n \longrightarrow b$ から $\dfrac{\varepsilon}{2} > 0$ に対して自然数 m_2 が存在して $n \geqq m_2$ ならば $|g_n - b| < \dfrac{\varepsilon}{2}$ となる．そこで $m = \max\{m_1, m_2\}$ とおく．$n \geqq m$ ならば $n \geqq m_1$，かつ $n \geqq m_2$ であるから

$$|(f_n + g_n) - (a + b)| = |(f_n - a) + (g_n - b)|$$
$$\leqq |f_n - a| + |g_n - b| < \frac{\varepsilon}{2} + \frac{\varepsilon}{2} = \varepsilon.$$

それゆえに $\varepsilon > 0$ が任意に与えられたときこのように自然数 m をとると $n \geqq m$ ならば $|(f_n + g_n) - (a + b)| < \varepsilon$ となる．よって $f_n + g_n \longrightarrow a + b$．これで④が示された．⑤の証明は $\alpha \neq 0$ の場合を考えればよい．$\alpha = 0$ のときは $|\alpha f_n - \alpha a| = |0 - 0| = 0$ に注意すれ

ばよいからである．さて $\varepsilon > 0$ を任意に与える．$f_n \longrightarrow a$ であるから $\dfrac{\varepsilon}{|\alpha|} > 0$ に対して自然数 m が存在して $n \geqq m$ ならば $|f_n - a| < \dfrac{\varepsilon}{|\alpha|}$ となる．この n に対して $|\alpha f_n - \alpha a| = |\alpha|\,|f_n - a| < |\alpha| \cdot \dfrac{\varepsilon}{|\alpha|} = \varepsilon$. ゆえに任意の $\varepsilon > 0$ に対してこのように自然数 m をとると $n \geqq m$ ならば $|\alpha f_n - \alpha a| < \varepsilon$ となる．よって $\alpha f_n \longrightarrow \alpha a$. これで⑤が示された．④と⑤から①が得られる．なぜなら $f_n \longrightarrow a, g_n \longrightarrow b$ ならば⑤によって $\alpha f_n \longrightarrow \alpha a, \beta g_n \longrightarrow \beta b$. ここで④を使うと $\alpha f_n + \beta g_n \longrightarrow \alpha a + \beta b$. これで①が得られた．次に②を示そう．まず $g_n \longrightarrow b$ だから (4.4) によって (g_n) は有界である．したがって実数 $K > 0$ が存在してすべての $n \in \boldsymbol{N}$ に対して $|g_n| \leqq K$ となる．一方

$$
\begin{aligned}
|f_n g_n - ab| &= |(f_n - a)\,g_n + (a g_n - ab)| \\
&= |(f_n - a)\,g_n + a\,(g_n - b)| \leqq |f_n - a|\,|g_n| + |a|\,|g_n - b| \\
&\leqq K|f_n - a| + |a|\,|g_n - b|.
\end{aligned}
$$

ゆえにすべての $n \in \boldsymbol{N}$ に対して

$$
|f_n g_n - ab| \leqq K|f_n - a| + |a|\,|g_n - b|.
$$

さて仮定から $f_n \longrightarrow a, g_n \longrightarrow b$. したがって (4.2) によって $|f_n - a| \longrightarrow 0, |g_n - b| \longrightarrow 0$. これから①によって $K|f_n - a| + |a|\,|g_n - b| \longrightarrow K \cdot 0 + |a| \cdot 0 = 0$. ゆえに比較法によって $f_n g_n \longrightarrow ab$. これで②が示された．最後に③を示そう．まず $b \neq 0$ だから $\dfrac{|b|}{2} > 0$. $g_n \longrightarrow b$ であるからこの $\dfrac{|b|}{2} > 0$ に対して自然数 m が存在して $n \geqq m$ ならば $|g_n - b| < \dfrac{|b|}{2}$. 他方 (2.23) によって $||g_n| - |b|| \leqq |g_n - b|$. したがって $||g_n| - |b|| < \dfrac{|b|}{2}$. これから $-\dfrac{|b|}{2} + |b| < |g_n| < \dfrac{|b|}{2} + |b|$. ゆえに $n \geqq m$ ならば $\dfrac{|b|}{2} < |g_n|$. いま $L = \min\left\{|g_1|, \cdots, |g_{m-1}|, \dfrac{|b|}{2}\right\}$ とおくと $g_1 \neq 0, \cdots, g_{m-1} \neq 0$ で

98

あるから $L > 0$. すべての $n \in N$ に対して $L \leqq |g_n|$ であるから $\frac{1}{|g_n|} \leqq \frac{1}{L}$ となる. さてすべての $n \in N$ に対して

$$0 \leqq \left| \frac{f_n}{g_n} - \frac{a}{b} \right| = \left| \frac{bf_n - ag_n}{g_n b} \right| \leqq \frac{1}{L|b|} \left| bf_n - ag_n \right|.$$

$f_n \longrightarrow a, g_n \longrightarrow b$ だから $bf_n - ag_n \longrightarrow ba - ab = 0$. （4.2）によって $|bf_n - ag_n| \longrightarrow 0$. ①によって $\frac{1}{L|b|}|bf_n - ag_n| \longrightarrow 0$. ゆえに比較法によって $\frac{f_n}{g_n} \longrightarrow \frac{a}{b}$. これで③が示された. 以上で（4.10）が証明された.（終）

（4.11） 『数列 (f_n) が $+\infty$（または $-\infty$）に発散するとき，任意の実数 a に対して数列 $(a + f_n)$ は $+\infty$（または $-\infty$）に発散し，正の実数 $a > 0$ に対して数列 (af_n) は $+\infty$（または $-\infty$）に発散，負の実数 $a < 0$ に対して (af_n) は $-\infty$（または $+\infty$）に発散する』.

（証明）まず $f_n \longrightarrow +\infty$ のとき $a + f_n \longrightarrow +\infty$ を示そう. $G > 0$ を任意に与える. $G_1 > G - a$ なる $G_1 > 0$ をとると $f_n \longrightarrow +\infty$ であるからこの G_1 に対して自然数 m が存在して $n \geqq m$ ならば $f_n > G_1$ となる. するとこの m について $n \geqq m$ ならば $a + f_n > a + G_1 > a + (G - a) = G$. よって $a + f_n \longrightarrow +\infty$. 次に $a > 0$ のとき $f_n \longrightarrow +\infty$ ならば $af_n \longrightarrow +\infty$ を示そう. $G > 0$ を任意に与える. $f_n \longrightarrow +\infty$ だから $\frac{G}{a} > 0$ に対して m が存在して $n \geqq m$ ならば $f_n > \frac{G}{a}$. するとこの m について $n \geqq m$ ならば $af_n > a \cdot \frac{G}{a} = G$. よって $af_n \longrightarrow +\infty$. $a < 0$ のときは $-\frac{G}{a} > 0$ に対して m が存在して $n \geqq m$ ならば $f_n > -\frac{G}{a}$. これから $n \geqq m$ に対して $af_n < a \cdot \left(-\frac{G}{a} \right) = -G$ となり，$af_n \longrightarrow -\infty$ が得られる. $f_n \longrightarrow -\infty$ の場合も同じようにして証明される.（終）

（**4.12**）　『数列 (f_n) のすべての項 f_n は正とする．このとき (f_n) が 0 に収束することと $\left(\dfrac{1}{f_n}\right)$ が $+\infty$ に発散することは同値である』．

（証明）$f_n \longrightarrow 0$ とする．$G > 0$ を任意に与えると，$f_n \longrightarrow 0$ であるから $\dfrac{1}{G} > 0$ に対して自然数 m が存在して $n \geqq m$ ならば $|f_n| < \dfrac{1}{G}$ となる．するとこの m について $n \geqq m$ ならば $f_n > 0$ だから $\dfrac{1}{f_n} = \dfrac{1}{|f_n|} > G$．よって $\dfrac{1}{f_n} \longrightarrow +\infty$．逆に $\dfrac{1}{f_n} \longrightarrow +\infty$ とする．$\varepsilon > 0$ を任意に与える．$\dfrac{1}{f_n} \longrightarrow +\infty$ であるから $\dfrac{1}{\varepsilon} > 0$ に対して自然数 m が存在して $n \geqq m$ ならば $\dfrac{1}{f_n} > \dfrac{1}{\varepsilon}$ となる．するとこの m について $n \geqq m$ ならば $|f_n - 0| = |f_n| = f_n < \varepsilon$．よって $f_n \longrightarrow 0$．（終）

公式 4　$0 < a < 1$のとき　$a^n \longrightarrow 0 (n \longrightarrow \infty)$

　　　　　　$a > 1$のとき　　　$a^n \longrightarrow +\infty (n \longrightarrow \infty)$

なぜなら，$0 < a < 1$ のとき $\dfrac{1}{a} > 1$ だから $h = \dfrac{1}{a} - 1$ とおくと $h > 0, \dfrac{1}{a} = 1 + h$．$|a^n - 0| = a^n = \dfrac{1}{\left(\frac{1}{a}\right)^n} = \dfrac{1}{(1+h)^n}$ $= \dfrac{1}{1 + nh + \cdots + h^n} < \dfrac{1}{nh} = \dfrac{1}{h} \cdot \dfrac{1}{n}$．ここで二項定理を用いた．公式 1 によって $\dfrac{1}{n} \longrightarrow 0$．(4.10) から $\dfrac{1}{h} \cdot \dfrac{1}{n} \longrightarrow 0$．比較法によって $a^n \longrightarrow 0$．次に $a > 1$ のとき $0 < \dfrac{1}{a} < 1$．$\left(\dfrac{1}{a}\right)^n > 0$．いま示したことから $\left(\dfrac{1}{a}\right)^n \longrightarrow 0$．ゆえに (4.12) によって $a^n = \dfrac{1}{\left(\frac{1}{a}\right)^n} \longrightarrow +\infty$．

例 8　a を実数とし，$0 < r < 1$ とする．このとき

$$a + ar + \cdots + ar^{n-1} \longrightarrow \frac{a}{1-r} (n \longrightarrow \infty).$$

また $a > 0, r > 1$ のとき

$$a + ar + \cdots ar^{n-1} \longrightarrow +\infty \quad (n \longrightarrow \infty).$$

なぜなら，このとき

$$a + ar + \cdots + ar^{n-1} = \frac{a(1 - r^n)}{1 - r} = \frac{a}{1-r} - \frac{a}{1-r} \cdot r^n.$$

ところが $0 < r < 1$ ならば公式4によって $r^n \longrightarrow 0$. ゆえに $-\frac{a}{1-r} r^n \longrightarrow 0$. したがって $\frac{a}{1-r} - \frac{a}{1-r} r^n \longrightarrow \frac{a}{1-r} + 0 = \frac{a}{1-r}$. よって $a + ar + \cdots + ar^{n-1} \longrightarrow \frac{a}{1-r}$. また $a > 1, r > 1$ のとき $\frac{-a}{1-r} = \frac{a}{r-1} > 0$ であるから公式4と (4.11) によって $\frac{a}{1-r} - \frac{a}{1-r} r^n \longrightarrow +\infty$. よって $a + ar + \cdots + ar^{n-1} \longrightarrow +\infty$.

例9 a が実数のとき，$\dfrac{a^n}{n!} \longrightarrow 0 (n \longrightarrow \infty)$.

なぜなら公式1と (4.10) から $\dfrac{a}{n} \longrightarrow 0$. したがって $\dfrac{1}{2} > 0$ に対してある自然数 m が存在して $n \geqq m$ ならば $\left|\dfrac{a}{n}\right| = \left|\dfrac{a}{n} - 0\right| < \dfrac{1}{2}$. このような n に対して

$$\left|\frac{a^n}{n!}\right| = \frac{|a|^n}{n!} = \frac{|a|}{1} \cdot \frac{|a|}{2} \cdots \frac{|a|}{m-1} \cdot \frac{|a|}{m} \cdots \cdot \frac{|a|}{n}$$
$$\leqq \frac{|a|^{m-1}}{(m-1)!} \cdot \left(\frac{1}{2}\right)^{n-m+1} = \frac{|a|^{m-1}}{(m-1)!} \cdot 2^{m-1} \cdot \left(\frac{1}{2}\right)^n.$$

ゆえに $n \geqq m$ に対して $\left|\dfrac{a^n}{n!} - 0\right| = \left|\dfrac{a^n}{n!}\right| \leqq \dfrac{|a|^{n-1} 2^{m-1}}{(m-1)!} \left(\dfrac{1}{2}\right)^n$ となる. $0 < \dfrac{1}{2} < 1$ だから公式4によって $\left(\dfrac{1}{2}\right)^n \longrightarrow 0$. したがって比較法と (4.3) によって $\dfrac{a^n}{n!} \longrightarrow 0$.

さて，公式4や例8のように，与えられた数列の極限を求める場合，極限の定義そのものによるよりも，既知の数列の極限とはさみうちの方法，比較法や (4.10) などの数列の極限に関する一般的な性質を上手に用いて考えることの方が多い. しかし一般に数

列 (f_n) について $f_n \longrightarrow a(n \longrightarrow \infty)$ を示すための要点は，さきの
(4.10) や上の例 9 の証明の場合のように「f_n と a との差の絶対値
$|f_n - a|$」を「上から評価」してこれが「小さく」なることを示す点
にある．

例 10　$f_n \longrightarrow a(n \longrightarrow \infty)$ とき

$$\frac{f_1 + f_2 + \cdots + f_n}{n} \longrightarrow a(n \longrightarrow \infty).$$

（証明）$g_n = \dfrac{f_1 + f_2 + \cdots + f_n}{n}$ とおき，g_n と a の差の絶対値
$|g_n - a|$ を考えよう．$1 \leqq k < n$ とすれば

$$
\begin{aligned}
g_n - a &= \frac{f_1 + f_2 + \cdots + f_n}{n} - a \\
&= \frac{f_1 + f_2 + \cdots f_n - na}{n} \\
&= \frac{(f_1 - a) + (f_2 - a) + \cdots + (f_n - a)}{n} \\
&= \frac{(f_1 - a) + \cdots + (f_k - a) + (f_{k+1} - a) + \cdots + (f_n - a)}{n} \\
&= \frac{(f_1 - a) + \cdots + (f_k - a)}{n} + \frac{(f_{k+1} - a) + \cdots + (f_n - a)}{n}
\end{aligned}
$$

と変形されるから

$$|g_n - a| \leqq \frac{|(f_1 - a) + \cdots + (f_k - a)|}{n} + \frac{|f_{k+1} - a| + \cdots + |f_n - a|}{n}$$

となる．さて，$\varepsilon > 0$ を任意に与える，$f_n \longrightarrow a$ であるから $\dfrac{\varepsilon}{2} > 0$
に対して自然数 m_1 が存在して $n \geqq m_1$ ならば $|f_n - a| < \dfrac{\varepsilon}{2}$.
この m_1 に対して $h_{m_1} = \left|(f_1 - a) + \cdots + \left(f_{m_1} - a\right)\right|$ とおき，数列
$\left(\dfrac{h_{m_1}}{n}\right)_{n \in \boldsymbol{N}}$ を考えると $\dfrac{1}{n} \longrightarrow 0$ だから $\dfrac{h_{m_1}}{n} \longrightarrow 0$. ゆえに $\dfrac{\varepsilon}{2} > 0$ に
対して自然数 m_2 が存在して $n \geqq m_2$ ならば $\left|\dfrac{h_{m_1}}{n}\right| = \left|\dfrac{h_{m_1}}{n} - 0\right| < \dfrac{\varepsilon}{2}$
となる．そこで $m = \max\{m_1, m_2\} + 1$ とおき，$n \geqq m$ とする．

$n \geqq m_1$ だから $|f_n - a| < \dfrac{\varepsilon}{2}, n \geqq m_2$ だから $\left|\dfrac{h_{m_1}}{n}\right| < \dfrac{\varepsilon}{2}.$ また $|g_n - a|$ に対する評価で $k = m_1$ とおくと

$$|g_n - a| \leqq \left|\frac{h_{m_1}}{n}\right| + \frac{|f_{m_1+1} - a| + \cdots + |f_n - a|}{n}.$$

ところがこの不等式の右辺の第 1 項は $< \dfrac{\varepsilon}{2}$ で, 第 2 項については

$$\frac{|f_{m_1+1} - a| + \cdots + |f_n - a|}{n} < \frac{\frac{\varepsilon}{2} + \cdots + \frac{\varepsilon}{2}}{n} = \frac{n - m_1}{n} \cdot \frac{\varepsilon}{2} < \frac{\varepsilon}{2}$$

となる. ゆえに $|g_n - a| < \dfrac{\varepsilon}{2} + \dfrac{\varepsilon}{2} = \varepsilon.$ すなわち任意の $\varepsilon > 0$ に対してこのように m をとると, $n \geqq m$ ならば $|g_n - a| < \varepsilon$ となる. よって $g_n \longrightarrow a.$（終）

数列の極限についてはこれくらいにして演習問題をいくつか出しておこう.

問 1 数列 (f_n) について, $f_n \longrightarrow a$ ならば $|f_n| \longrightarrow |a|$ となることを証明せよ.

問 2 数列 $(f_n), (g_n), (h_n)$ について, (f_n) は単調増大, (h_n) は単調減少ですべての $n \in \boldsymbol{N}$ に対して $f_n \leqq g_n \leqq h_n$ が成り立ち, しかも $h_n - f_n \longrightarrow 0$ であるとき, (g_n) は収束することを証明せよ.

問 3 数列 (f_n) について, すべての $n \in \boldsymbol{N}$ に対して $f_n > 0$ で, 数列 $\left(\dfrac{f_{n+1}}{f_n}\right)$ がある $0 \leqq r < 1$ なる r に収束するとき, $f_n \longrightarrow 0$ となることを証明せよ.

問 4 (4.6) を用いて数列 $(1, -1, 1, -1, \cdots, (-1)^{n-1}, \cdots)$ が発散することを示せ.

問 5 $a > 1$ のとき, $\dfrac{n}{a^n} \longrightarrow 0 \, (n \longrightarrow \infty)$ を示せ.

問 6 $f_n \longrightarrow +\infty \, (n \longrightarrow \infty)$ とき, $\dfrac{f_1 + \cdots + f_n}{n} \longrightarrow +\infty \, (n \longrightarrow \infty)$ を証明せよ.

第 5 章

関数の極限

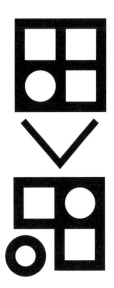

　ここでは実数全体の集合 R の空集合でない部分集合 A から R への写像，すなわち実数の集合 A 上の関数 f の極限について述べることにしょう．しかしこれから扱ら関数 f の定義域 $D(f)$ は次のどれかの形の集合を含むものとする．

$$(a, a+\eta) = \{x | x \in \boldsymbol{R}, a < x < a+\eta\}$$

$$(a-\eta, a) = \{x | x \in \boldsymbol{R}, a-\eta < x < a\}$$

$$(G, +\infty) = \{x | x \in \boldsymbol{R}, G < x < +\infty\}$$

$$(-\infty, G) = \{x | x \in \boldsymbol{R}, -\infty < x < G\}$$

$$(a-\eta, a) \cup (a, a+\eta) = \{x | x \in \boldsymbol{R}, a-\eta < x < a+\eta, x \neq a\}$$

ただし a と G は実数で，$\eta > 0$ である．（図 17 参照）

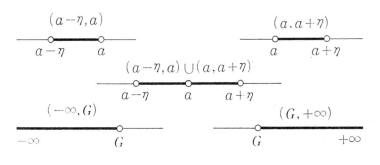

図17

　例えば $f : (a-\eta, a) \cup (a, a+\eta) \longrightarrow \boldsymbol{R}$ とする．$(a-\eta, a) \cup (a, a+\eta)$ の各要素 x に対して f の値として実数 $f(x)$ が定まるが，x が a に「近くなる」と $f(x)$ がある実数 b に「近くなる」という現象がみられるときに関数 $f : (a-\eta, a) \cup (a, a+\eta) \longrightarrow \boldsymbol{R}, x \longmapsto f(x)$ の a における「極限」は b であるというのである．これは数列 $f : \boldsymbol{N} \longrightarrow \boldsymbol{R}, n \longmapsto f_n$ の極限の場合と全く同じように「エプシロン・デルタ論法」を用いて次のように定式化される．

定義 関数 f についてその定義域 $D(f)$ はある $(a-\eta, a) \cup (a, a+\eta)$ を含むものとする．このとき次の条件を満たす実数 b を f の a における**極限**という．

『どんな正の数 ε に対してもある正の数 δ が存在して，$0 < |x-a| < \delta$ なるすべての x に対して $|f(x)-b| < \varepsilon$ となる』．

また $D(f)$ がある $(a, a+\eta)$ を含む関数 f に対して次の条件を満たす実数 b を fa に和訂る**右極限**という．

『どんな正の数 ε に対してもある正の数 δ が存在して，$a < x < a+\delta$ なるすべての x に対して $|f(x)-b| < \varepsilon$ となる』．

そしてまた $D(f)$ がある $(a-\eta, a)$ を含む関数 f に対して次の条件を満たす実数 b を fa における**左極限**という．

『どんな正の数 ε に対してもある正の数 δ が存在して，$a-\delta < x < a$ なるすべての x に対して $|f(x)-b| < \varepsilon$ となる』．

それから $D(f)$ がある $(G, +\infty)$ を含む関数 f に対して次の条件を満たす実数 b を f の $+\infty$ における極限という．

『どんな正の数 ε に対してもある正の数 H が存在して，$x > H$ なるすべての x に対して $|f(x)-b| < \varepsilon$ となる』．

最後に，$D(f)$ がある $(-\infty, G)$ を含む関数 f に対して次の条件を満たす実数 b を f の $-\infty$ における極限という．

『どんな正の数 ε に対してもある正の数 H が存在して，$x < -H$ なるすべての x に対して $|f(x)-b| < \varepsilon$ となる』．

関数 f の a における極限は記号で $\lim_{x \to a} f(x)$ と書き表す．f の a における右極限，左極限はそれぞれ $\lim_{x \to a+0} f(x), \lim_{x \to a-0} f(x)$ と書き表す．右極限，左極限は $f(a+0), f(a-0)$ とも書かれる．すなわち $\lim_{x \to a+0} f(x) = f(a+0), \lim_{x \to a-0} f(x) = f(a-0)$ である．また f の $+\infty$ における極限，$-\infty$ における極限はそれぞれ $\lim_{x \to +\infty} f(x), \lim_{x \to -\infty} f(x)$ と書き表す．（図 18 参照）

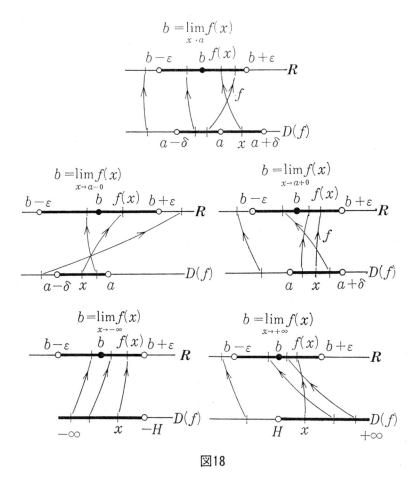

図18

　実数 b が関数 f の a における極限であることを，x が a に近づくとき $f(x)$ は **b に収束**するともいい，$\lim_{x \to a} f(x) = b$ のほかに $f(x) \longrightarrow b(x \longrightarrow a), x \longrightarrow a$ とき $f(x) \longrightarrow b$ などの記号が使われる．また $\lim_{x \to a+0} f(x) = b$ のとき，x が右から a に近づくとき $f(x)$ は b に収束するともいい，$f(x) \longrightarrow b(x \longrightarrow a+0), x \longrightarrow a+0$ とき $f(x) \longrightarrow b$ などの記号も使われる．$\lim_{x \to a-0} f(x) = b$ のときは x が左から a に近づくとき $f(x)$ は b に収束するともいわれ，このほか右

極限の場合と同じような記号が使われる. 最後に $\lim_{x \to +\infty} f(x) = b$ のとき, x が $+\infty$ になるとき $f(x)$ は b に収束するともいい, $f(x) \longrightarrow b(x \longrightarrow +\infty)$, $x \longrightarrow +\infty$ とき $f(x) \longrightarrow b$ などの記号が使われる. $\lim_{x \to -\infty} f(x) = b$ のときも同様である.

　次に f の a における極限 $\lim_{x \to a} f(x)$ が存在するとき, $x \longrightarrow a$ のとき $f(x)$ は**収束**するという. また f の a における右極限 $\lim_{x \to a+0} f(x)$ が存在するとき, $x \longrightarrow a+0$ とき $f(x)$ は収束するといい, f の $+\infty$ における極限 $\lim_{x \to +\infty} f(x)$ が存在するとき, $x \longrightarrow +\infty$ とき $f(x)$ は収束するという. f の a における左極限 $\lim_{x \to a-0} f(x)$, f の $-\infty$ における極限 $\lim_{x \to -\infty} f(x)$ が存在する場合についても同じような用語が用いられる. それから f の a における極限 $\lim_{x \to a} f(x)$ が存在しないとき, 言い換えれば $x \longrightarrow a$ とき $f(x)$ が収束しないとき, $x \longrightarrow a$ とき $f(x)$ は**発散**するという. $x \longrightarrow a+0$, $x \longrightarrow a-0$, $x- \longrightarrow +\infty$, $x \longrightarrow -\infty$ とき $f(x)$ が発散するという概念も同じように定義される.

　特に関数 f について例えば $D(f) \supset (a-\eta, a) \cup (a, a+\eta)$ の場合

　『どんな正の数 G に対してもある正の数 δ が存在して $0 < |x-a| < \delta$ なるすべての x に対して $f(x) > G$ となる』

とき, $x \longrightarrow a$ とき f は $+\infty$ **に発散**するといい, 記号で $\lim_{x \to a} f(x) = +\infty$, $f(x) \longrightarrow +\infty(x \longrightarrow a)$, $x \longrightarrow a$ とき $f(x) \xrightarrow[\longrightarrow \to a]{} +\infty$ などと書く. $x \longrightarrow a$ とき f が $-\infty$ **に発散**するという概念や, $x \longrightarrow a+0$, $x \longrightarrow a-0$, $x \longrightarrow +\infty$, $x \longrightarrow -\infty$ とき f が $+\infty$ あるいは $-\infty$ に発散するという概念も全く同じようにして定義される. 読者はこれらの場合の定義をエプシロン・デルタ論法できちんと述べてみられたい.

　このように関数について収束, 発散, $+\infty$ に発散, $-\infty$ に発散の概念を定義すると, 数列の場合と全く同じようにして『関数 f か $+\infty$ まは $-\infty$ に発散するならば f は収束しない, つまり発散する』ことが示される. (この章の終りの演習問題の問 2 をみよ.) そして関数 f の収束性についても次のような分岐図を書くことができる.

$$f は \begin{cases} 収束する \\ 発散する \end{cases} \begin{cases} +\infty に発散する \\ -\infty に発散する \\ そのほか \end{cases}$$

さて関数と数列の極限の定義をみればこの両者の間に著しい類似性のあることがわかる（96 ページの図 19 参照）.

このような類似性に注意して次に関数の極限に関する性質を述べよう.

(5.1) 『関数 f の a における極限 $\lim_{x \to a} f(x)$ が存在すればそれはただ一つである』.

（証明）$(a - \eta, a) \cup (a, a + \eta) \subset D(f)$ とし，$x \longrightarrow a$ とき，$f(x) \longrightarrow b$, $f(x) \longrightarrow b'$ とする．$\varepsilon > 0$ を任意に与える．$f(x) \longrightarrow b$ から $\delta_1 > 0$ が存在して $0 < |x - a| < \delta_1$ ならば $|f(x) - b| < \dfrac{\varepsilon}{2}$. $f(x) \longrightarrow b'$ から $\delta_2 > 0$ が存在して $0 < |x - a| < \delta_2$ ならば $|f(x) - b'| < \dfrac{\varepsilon}{2}$. $x_0 = a + \min\left\{\dfrac{\delta_1}{2}, \dfrac{\delta_2}{2}, \dfrac{\eta}{2}\right\}$ とおくと，$0 < |x_0 - a| < \delta_1$, $0 < |x_0 - a| < \delta_2$ であるから $|b - b'| \leqq |b - f(x_0)| + |f(x_0) - b'| < \dfrac{\varepsilon}{2} + \dfrac{\varepsilon}{2} = \varepsilon$. したがって $0 \leqq |b - b'| < \varepsilon$. ε は任意であるから $|b - b'| = 0$. よって $b = b'$. （終）

(5.2) 『関数 f について $f(x) \longrightarrow b (x \longrightarrow a)$ なるための必要十分条件は $|f(x) - b| \longrightarrow 0 (x \longrightarrow a)$ である』.

なぜなら $||f(x) - b| - 0| = |f(x) - b|$ だからである.

関数の極限

$$f : (a - \eta, a) \cup (a, a + \eta)$$
$$\longrightarrow \boldsymbol{R}, x \longmapsto f(x)$$

x が a に近づくとき $f(x)$ は b に収束する.

$$\lim_{x \to a} f(x) = b.$$

任意の $\varepsilon > 0$ に対して $\delta > 0$ が存在して

$0 < |x - a| < \delta$ なるすべての x に対して

$|f(x) - b| < \varepsilon$ となる.

$$\lim_{x \to a} f(x) = b$$
$$|f(x) - b| < \varepsilon$$

数列の極限

$$f : N \longrightarrow \boldsymbol{R}, n \longmapsto f_n$$

n が大きくなるとき f_n は b に収束する.

$$\lim_{n \to \infty} f_n = b.$$

任意の $\varepsilon > 0$ に対して $m \in N$ が存在して

$n \geqq m$ なるすべての n に対して

$|f_n - b| < \varepsilon$ となる.

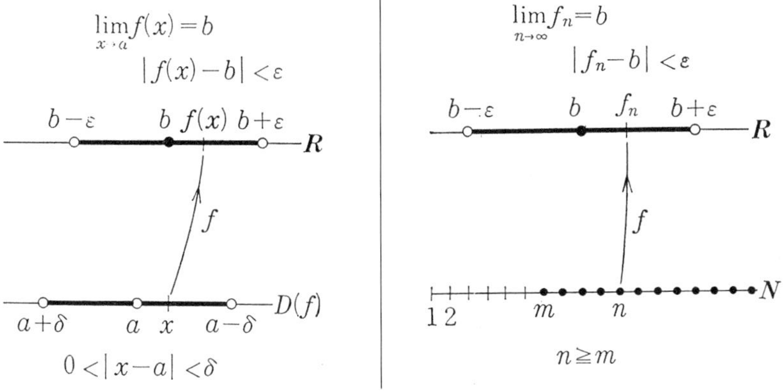

$$\lim_{n \to \infty} f_n = b$$
$$|f_n - b| < \varepsilon$$

図19

　これら二つの結果は $x \longrightarrow a + 0, a - 0, +\infty, -\infty$ のときにも成り立つ. (5.1) と (5.2) は数列の場合の (4.1) と (4.2) にそれぞれ対応するものである.

　関数 f について $D(f)$ が $(a - \eta, a) \cup (a, a + \eta)$ を含む場合, f の a における極限, 右極限, 左極限の間には次の関係がある.

(5.3)　『関数 f の a における極限 $\lim_{x \to a} f(x)$ が存在するための必要十分条件は f の a における右極限 $f(\alpha+0)$ と f の a における左極限 $f(\alpha-0)$ が共に存在してしかも $f(\alpha+0) = f(\alpha-0)$ となることである．さらにこのときこれら三つの極限は一致する．すなわち $\lim_{x \to a} f(x) = f(a+0) = f(a-0)$』．

（証明）$\lim_{x \to a} f(x) = b$ とする．$\varepsilon > 0$ を任意に与えると $\delta > 0$ が存在して $0 < |x-a| < \delta$ ならば $|f(x)-b| < \varepsilon$ となる．$0 < |x-a| < \delta$ は，$a < x < a+\delta$ かつ $a-\delta < x < a$ と同値である．したがって $f(a+0) = b, f(a-0) = b, f(a+0) = f(a-0)$ である．逆に $f(a+0) = f(a-0) = b$ とする．$\varepsilon > 0$ を任意に与える．$f(a+0) = b$ から $\delta_1 > 0$ が存在して $a < x < a+\delta_1$ ならば $|f(x)-b| < \varepsilon$．$f(a-0) = b$ から $\delta_2 > 0$ が存在して $a-\delta_2 < x < a$ ならば $|f(x)-b| < \varepsilon$．そこで $\delta = \min\{\delta_1, \delta_2\}$ とおくと $\delta > 0$ で $0 < |x-a| < \delta$ ならば $|f(x)-b| < \varepsilon$ となる．したがって $\lim_{x \to a} f(x) = b$．（終）

次の結果は関数の極限は数列の極限に帰着させることができることを意味している．

(5.4)　『関数 f について，f の a に極限 $\lim_{x \to a} f(x)$ が存在するための必要十分条件は，$x_n \longrightarrow a, x_n \neq a, x_n \in D(f)$ なるすべての数列 (x_n) に対して数列 $(f(x_n))$ の極限 $\lim_{n \to \infty} f(x_n)$ が存在することである．そしてこのときこれらの極限はすべて一致する．また $\lim_{x \to a} f(x) = +\infty$（または $-\infty$）であるための必要十分条件は，$x_n \longrightarrow a, x_n \neq a, x_n \in D(f)$ なるすべての数列 (x_n) に対して，数列 $(f(x_n))$ が $+\infty$（または $-\infty$）に発散すること，すなわち $\lim_{n \to \infty} f(x_n) = +\infty$（または $-\infty$）となることである』．

（証明）$\lim_{x \to a} f(x) = b$ とする．数列 (x_n) は $x_n \longrightarrow a, x_n \neq a, x_n \in D(f)$ を満たすとする．$\varepsilon > 0$ を任意に与える．$f(x) \longrightarrow b(x \longrightarrow a)$ だから $\delta > 0$ が存在して $0 < |x - a| < \delta$ ならば $|f(x) - b| < \varepsilon$ となる．$x_n \longrightarrow a$ だからこの $\delta > 0$ に対して自然数 m が存在して $n \geqq m$ ならば $|x_n - a| < \delta$ となる．$x_n \neq a$ だから $0 < |x_n - a| < \delta$ である．だから $|f(x_n) - b| < \varepsilon$．すなわちこの m について $n \geqq m$ ならば $|f(x_n) - b| < \varepsilon$．よって $f(x_n) \longrightarrow b$．逆を証明しよう．$x_n \longrightarrow a,\ x_n \neq a,\ x_n \in D(f)$ を満たすすべての数列 (x_n) に対して $\lim_{n \to \infty} f(x_n)$ が存在するとする．このときまず $\lim_{n \to \infty} f(x_n)$ は数列 (x_n) のとり方に関係なく一定になることを示そう．(x_n') を与えられた条件を満たすいま一つの数列とし，$f(x_n) \longrightarrow b, f(x_n') \longrightarrow b'$ とする．数列 $(x_n'') = (x_1, x_1', x_2, x_2', \cdots, x_e, x_e', \cdots\cdots)$ は $x_n'' \longrightarrow a, x_n'' \neq a, x_n'' \in D(f)$ を満たすから $f(x_n'') \longrightarrow b''$ となる．$(f(x_n))$ も $(f(x_n'))$ もどちらも $(f(x_n''))$ の部分列であるから（4.6）によってこれらは同じ極限をもつ．ゆえに $b = b' = b''$．これで $\lim_{n \to \infty} f(x_n)$ は (x_n) のとり方に関係なく一つに定まることが示された．そこでこの極限を b とおくと，$f(x) \longrightarrow b(x \longrightarrow a)$ となる．これを背理法で証明しよう．仮に $f(x) \longrightarrow b(x \longrightarrow a)$ とならなかったとすると，ある $\varepsilon > 0$ が存在して，どんな $\delta > 0$ に対しても $0 < |x - a| < \delta$ であるが $|f(x) - b| \geqq \varepsilon$ となる実数 $x \in D(f)$ が存在する．各 $n \in N$ に対して $\delta = \dfrac{1}{n}$ とおき，これに対して定まるこのような x を x_n とすれば，数列 (x_n) について $0 < |x_n - a| < \dfrac{1}{n},\quad x_n \in D(f),\quad |f(x_n) - b| \geqq \varepsilon$ がすべての $n \in N$ に対して成り立つ．これから $x_n \neq a,\ x_n \longrightarrow a,\ x_n \in D(f)$ であることがわかるから (x_n) は与えられた条件を満たす数列である．したがって $f(x_n) \longrightarrow b$，つまり $|f(x_n) - b| \longrightarrow 0$ でなければならない．ところがすべての $n \in N$ に対して $|f(x_n) - b| \geqq \varepsilon > 0$ であるから，$0 \geqq \varepsilon > 0, 0 > 0$ とならなければならない．これは矛盾である．よって $f(x) \longrightarrow b(x \longrightarrow a)$．また極限が存在する場合，すべての極限が等しくなることもいまの証明のなかで示された．次に

$+\infty$（または $-\infty$）に発散の場合の必要性を証明するにはいま述べた収束の場合の必要性の証明で ε の代りに G と書き，$|f(x) - b| < \varepsilon$ を $f(x) > G$（または $f(x) < -G$）でおき換えればよい．また収束の場合の十分性の証明の背理法の議論のところで ε の代りに G と書き，$|f(x) - b| \geqq \varepsilon$ を $f(x) \leqq G$（または $f(x) \geqq -G$）でおき換えれば発散の場合の十分性の証明が得られる．（終）

この（5.4）は $x \longrightarrow a + 0, a - 0, +\infty, -\infty$ に対しても成り立つことを注意しておく．（章末の演習問題の問 3 をみられたい．）

次に関数の「有界性」と「単調性」の定義を与えよう．

定義 E を関数 f の定義域 $D(f)$ の空集合でない部分集合とする．f が E で**上に有界**であるとはある実数 K が存在して E のすべての要素 x に対して $f(x) \leqq K$ となることであり，f が E で**下に有界**であるとはある実数 L が存在して E のすべての要素 x に対して $L \leqq f(x)$ となることである．f が E で**有界**であるとは，f が E で上にも下にも有界なこと，すなわち実数 L と K が存在して E のすべての要素 x に対して $L \leqq f(x) \leqq K$ となることである．また，f が E 上で**単調増大**であるとは $x' < x''$ なる E のすべての要素 x', x'' に対して $f(x') \leqq f(x'')$ となることであり，f が E 上で**単調減少**であるとは $x' < x''$ なる E のすべての要素 x', x'' に対して $f(x') \geqq f(x'')$ となることである．単調増大と単調減少を総称して**単調**という．

関数 f の収束性と有界性について次の結果が成り立つ．これは数列の場合の（4.4）に対応するものである．

（5.5） 『関数 f の a における極限 $\lim_{x \to a} f(x)$ が存在するならば f は $D(f)$ のある部分集合 $(a - \delta, a) \cup (a, a + \delta)$ において有界である』．

（証明）$(a - \eta, a) \cup (a, a + \eta) \subset D(f)$ とし，$\lim_{x \to a} f(x) = b$ とする．$1 > 0$ に対して $\delta_1 > 0$ が存在して $0 < |x - a| < \delta_1$ ならば $|f(x) - b| < 1$ となる．いま $\delta = \min\{\delta_1, \eta\}$ とおくと，$\delta > 0$ で $(a - \delta, a) \cup (a, a + \delta) \subset D(f)$，　しかも $x \in (a - \delta, a) \cup (a, a + \delta)$ ならば $0 < |x - a| < \delta_1$ であるから $|f(x) - b| < 1$ となる．これから $b - 1 < f(x) < b + 1$ が得られる．よって f は $D(f)$ の部分集合 $(a - \delta, a) \cup (a, a + \delta)$ で有界である．（終）

　この（5.5）は $x \longrightarrow a + 0,\ a - 0,\ +\infty,\ -\infty$ の場合にも同じように成り立つ．これらの場合 f が有界になる $D(f)$ の部分集合はそれぞれ $(a, a + \delta),\ (a - \delta, a),\ (G, +\infty),\ (-\infty, G)$ の形のものになる．

　ところで E が関数 f の定義域 $D(f)$ の空集合でない部分集合であるとき，$\sup_{x \in E} f(x) = \sup f(E), \inf_{x \in E} f(x) = \inf f(E)$ と書くことにする．これらは実数の連続性によって確定する．また実数 $a < b$ に対して $(a, b) = \{x | x \in R, a < x < b\}$ とおく．そうすると単調関数の極限について数列の場合の（4.5）に対応して次の結果が成り立つ．

（5.6） 『(a, b) は関数 f の定義域 $D(f)$ に含まれているとする．このとき f が (a, b) 上で単調増大ならば $f(x) \longrightarrow \sup_{x \in (a,b)} f(x)(x \longrightarrow b - 0), f(x) \longrightarrow \inf_{x \in (a,b)} f(x)(x \longrightarrow a + 0)$ となり，f が (a, b) 上で単調減少ならば $f(x) \longrightarrow \inf_{x \in (a,b)} f(x)(x \longrightarrow b - 0), f(x) \longrightarrow \sup_{x \in (a,b)} f(x)(x \longrightarrow a + 0)$ となる．したがって例えば f が (a, b) 上で単調増大でしかも (a, b) で上に有界ならば f の b における左極限 $f(b - 0)$ が存在し，$f(b - 0) = \sup_{x \in (a,b)} f(x)$ となる』．

　（証明）どの場合も同じように証明できるから，f が (a, b) 上で単調増大の場合を考える．はじめに $\sup_{x \in (a,b)} f(x)$ が有限とし，$\sup_{x \in (a,b)} f(x) = c$ とおく．$\varepsilon > 0$ を任意に与える．上限の性質から

$c - \varepsilon < f(x')$ となる $x' \in (a, b)$ が存在する. $b - x' = \delta$ とおくと $\delta > 0$. ところが f は (a, b) 上で単調増大だから $b - \delta = x' < x < b$ なる x に対して $f(x') \leqq f(x)$ となる. したがって $c - \varepsilon < f(x)$. 一方やはり上限の性質から ((a, b) のすべての要素 x に対して $f(x) \leqq c$. ゆえにこの δ について $b - \delta < x < b$ ならば $c - \varepsilon < f(x) \leqq c$. これから $|f(x) - c| < \varepsilon$. よって $f(x) \longrightarrow c (x \longrightarrow b - 0)$. 次に $\sup_{x \in (a,b)} f(x) = +\infty$ とすると任意の $G > 0$ に対して $G < f(x')$ となる $x' \in (a, b)$ が存在する. そうするといまの議論と全く同じようにして $\delta = b - x' > 0$ とおけば $b - \delta < x < b$ ならば $G < f(x)$ となり, $f(x) \longrightarrow +\infty (x \longrightarrow b - 0)$ が得られる. (終)

関数の極限の存在条件として数列のコーシーの収束条件(定理4.2)に対応するものがある. この定理は関数の極限の理論において基本的できわめて重要なものである.

定理 5.1. (**コーシーの定理**) 関数 f の a における極限 $\lim_{x \to a} f(x)$ が存在するための必要十分条件は任意の $\varepsilon > 0$ に対してある適当な $\delta > 0$ が存在して $0 < |x' - a| < \delta$ と $0 < |x'' - a| < \delta$ を満たすすべての x', x'' に対して $|f(x') - f(x'')| < \varepsilon$ となることである.

この定理はもちろん $\lim_{x \to a+0} f(x)$, $\lim_{x \to a-0} f(x)$, $\lim_{x \to +\infty} f(x)$, $\lim_{x \to -\infty} f(x)$ に対しても同じように成り立つ. ただしこれらの場合, $0 < |x' - a| < \delta$ の形の条件は, それぞれ $0 < x' - a < \delta$, $0 < a - x' < \delta$, $\delta < x', x' < -\delta$ の形のものになる. 読者はこれらの場合に対するコーシーの定理をきちんと述べてみられたい.

(証明) 必要性の証明は数列のコーシーの定理の場合と同じようにしてできる. $\varepsilon > 0$ を任意に与える. $\lim_{x \to a} f(x) = b$

とおくと，$\frac{\varepsilon}{2} > 0$ に対して $\delta > 0$ が存在して $0 < |x - a| < \delta$ ならば $|f(x) - b| < \frac{\varepsilon}{2}$. $0 < |x' - a| < \delta, 0 < |x'' - a| < \delta$ とすれば $|f(x') - f(x'')| = |(f(x') - b) + (b - f(x''))| \leqq |f(x') - b| + |b - f(x'')| < \frac{\varepsilon}{2} + \frac{\varepsilon}{2} = \varepsilon$. 十分性は（5.4）と数列のコーシーの収束条件を用いて証明する．$x_n \longrightarrow a, \ x_n \neq a, \ x_n \in D(f)$ なる数列 (x_n) を任意にとって数列 $(f(x_n))$ を考える．$\varepsilon > 0$ を任意に与えると仮定によって $\delta > 0$ が存在して $0 < |x' - a| < \delta, 0 < |x'' - a| < \delta$ ならば $|f(x') - f(x'')| < \varepsilon$ となる．$x_n \longrightarrow a$ だからこの $\delta > 0$ に対して自然数 m が存在して $n \geqq m$ ならば $|x_n - a| < \delta$ となる．この m について $p, q \geqq m$ ならば，すべての $n \in \boldsymbol{N}$ に対して $x_n \neq a, \ x_n \in D(f)$ だから $0 < |x_p - a| < \delta, \ 0 < |x_q - a| < \delta, \ x_p, \ x_q \in D(f)$ である．したがって $|f(x_p) - f(x_q)| < \varepsilon$. ゆえに数列 $(f(x_n))$ はコーシーの収束条件を満たす．よって $(f(x_n))$ の極限が存在する．ゆえに（5.4）によって $\lim\limits_{x \to a} f(x)$ が存在する．（終）

　関数の極限についても数列の極限に関する（4.7）から（4.12）までの命題にそれぞれ対応する結果が成り立つ．次に述べる（5.7）から（5.12）までがそれである．これらは（5.4）を使えばすべて数列の場合からただちに得られるので，ここでは一例として（5.10）の証明だけを与えておき，それ以外のものは読者の演習問題にしておく．

　　（**5.7**）　『**（はさみうちの方法）** 関数 f, g, h について，ある $(a - \eta, a) \cup (a, a + \eta)$ が $D(f), D(g), D(h)$ のどれにも含まれており，$(a - \eta, a) \cup (a, a + \eta)$ のすべての要素 x に対して $f(x) \leqq g(x) \leqq h(x)$ が成り立つとする．このとき $f(x) \longrightarrow b(x \longrightarrow a)$ かつ $h(x) \longrightarrow b(x \longrightarrow a)$ ならば $g(x) \longrightarrow b(x \longrightarrow a)$ である』．

　　（**5.8**）　『**（比較法）** 関数 f, g について，ある $(a - \eta, a) \cup (a, a + \eta)$

が $D(f), D(g)$ のどちらにも含まれており，$(a - \eta, a) \cup (a, a + \eta)$ のすべての要素 x に対して $|f(x) - b| \leqq g(x)$ が成り立つとする．このとき $g(x) \longrightarrow 0(x \longrightarrow a)$ ならば $f(x) \longrightarrow b(x \longrightarrow a)$ である．また $(a - \eta, a) \cup (a, a + \eta)$ のすべての要素 x に対して $f(x) \leqq g(x)$ が成り立つとする．このとき $f(x) \longrightarrow +\infty(x \longrightarrow a)$ ならば $g(x) \longrightarrow +\infty(x \longrightarrow a)$ であり，$g(x) \longrightarrow -\infty(x \longrightarrow a)$ ならば $f(x) \longrightarrow -\infty(x \longrightarrow a)$ である』．

(**5.9**) 　『関数 f, g について，ある $(a - \eta, a) \cup (a, a + \eta)$ が $D(f), D(g)$ のどちらにも含まれており，$(a - \eta, a) \cup (a, a + \eta)$ のすべての要素 x に対して $f(x) \leqq g(x)$ が成り立つとする．このとき $f(x) \longrightarrow b(x \longrightarrow a)$ で，$g(x) \longrightarrow c(x \longrightarrow a)$ ならば $b \leqq c$ である』．

　関数 f, g に対して f と g の「和」$f + g$，「差」$f - g$，「積」fg，「商」$\dfrac{f}{g}$，「倍」af が次のように定義される．$D(f) \cap D(g)$ は空集合でないとする．$D(f) \cap D(g)$ の各要素 x に実数 $f(x) + g(x)$ を対応させることによって $D(f) \cap D(g)$ 上の一つの関数が得られる．この関数は f と g の**和**と呼ばれ，$f + g$ という記号で表される．すなわち $f + g : D(f) \cap D(g) \longrightarrow \mathbf{R}, x \longmapsto f(x) + g(x)$．同じようにして f と g の**差** $f - g : D(f) \cap D(g) \longrightarrow \mathbf{R}, x \longmapsto f(x) - g(x)$ および f と g の**積** $fg : D(f) \cap D(g) \longrightarrow \mathbf{R}, x \longmapsto f(x)g(x)$ がそれぞれ定義される．また $D(f) \cap (D(g) - g^{-1}(\{0\})) = \{x | x \in D(f), x \in D(g), g(x) \neq 0\}$ が空集合でないとき，f と g の**商** $\dfrac{f}{g} : D(f) \cap (D(g) - g^{-1}(\{0\})) \longrightarrow \mathbf{R}, x \longmapsto \dfrac{f(x)}{g(x)}$ が定義される．最後に α を実数とするとき，関数 f の α **倍**が $D(f)$ の各要素 x に実数 $\alpha f(x)$ を対応させることによって定義される．つまり $\alpha f : D(f) \longrightarrow \mathbf{R}, x \longmapsto \alpha f(x)$．そうすると f, g を関数とし，α, β を実数とすると，$x \in D(f) \cap D(g)$ ならば $(\alpha f + \beta g)(x) = \alpha f(x) + \beta g(x)$，$(fg)(x) = f(x)g(x)$ であり，$x \in D(f) \cap (D(g) - g^{-1}(\{0\}))$ ならば $\left(\dfrac{f}{g}\right)(x) = \dfrac{f(x)}{g(x)}$ である．この

ように定義すると数列の場合と同じように次の結果が成り立つ.

（**5.10**）　『α, β を実数とし, 関数 f, g について $f(x) \longrightarrow b(x \longrightarrow a)$ かつ $g(x) \longrightarrow c(x \longrightarrow a)$ とする. このとき

$$\alpha f(x) + \beta g(x) \longrightarrow \alpha b + \beta c(x \longrightarrow a)$$
$$f(x)g(x) \longrightarrow bc(x \longrightarrow a)$$
$$\frac{f(x)}{g(x)} \longrightarrow \frac{b}{c}(x \longrightarrow a)$$

である. ただし商の場合 $D(f) \cap D(g)$ に含まれるある $(a - \eta, a) \cup (a, a + \eta)$ のすべての要素 x に対して $g(x) \neq 0$ でしかも $c \neq 0$ とする』.

　なぜなら, $x_n \longrightarrow a$, $x_n \neq a$, $x_n \in D(f) \cap D(g)$ なる数列 (x_n) を任意にとる. $f(x) \longrightarrow b(x \longrightarrow a)$, $g(x) \longrightarrow c(x \longrightarrow a)$ であるから（5.4）によって $f(x_n) \longrightarrow b, g(x_n) \longrightarrow c$. ゆえに（4.10）によって $\alpha f(x_n) + \beta g(x_n) \longrightarrow \alpha b + \beta c$. 再び（5.4）によって $\alpha f(x) + \beta g(x) \longrightarrow \alpha b + \beta c(x \longrightarrow a)$. 積, 商の場合も同じようにして証明される.

（**5.11**）　『α を任意の実数とし, 関数 f について $f(x) \longrightarrow +\infty$ （または $-\infty$）$(x \longrightarrow a)$ とする. このとき

$$\alpha + f(x) \longrightarrow +\infty（または -\infty)(x \longrightarrow a)$$

であり, また $\alpha > 0$ ならば

$$\alpha f(x) \longrightarrow +\infty（または -\infty)(x \longrightarrow a)$$

で, $\alpha < 0$ ならば

$$\alpha f(x) \longrightarrow -\infty（または +\infty)(x \longrightarrow a)$$

120

である』.

（**5.12**）『関数 f について $D(f)$ に含まれるある $(a-\eta, a)\cup(a, a+\eta)$ のすべての要素 x に対して $f(x) > 0$ とする. このとき $f(x) \longrightarrow 0(x \longrightarrow a)$ と $\dfrac{1}{f(x)} \longrightarrow +\infty(x \longrightarrow a)$ は同値である』.

以上の（5.7）から（5.12）までの命題はすべて $x \longrightarrow a+0, a-0, +\infty, -\infty$ の場合についても成り立つ.

さて例をいくつかあげよう.

例1 k を一つの実数とし, $f: \boldsymbol{R} \longrightarrow \boldsymbol{R}, x \longmapsto k$ とすれば, 任意の実数 a に対して $f(x) \longrightarrow k(x \longrightarrow a)$.

なぜなら, $\varepsilon > 0$ が任意に与えられたとき, $\delta = \varepsilon > 0$ とおくと $0 < |x-a| < \delta$ ならば $|f(x)-k| = |k-k| = 0 < \varepsilon$ となるからである.

例2 $f: \boldsymbol{R} \longrightarrow \boldsymbol{R}, x \longmapsto x$ とすれば, 任意の実数 a に対して $f(x) \longrightarrow a(x \longrightarrow a)$. また $f(x) \longrightarrow +\infty(x \longrightarrow +\infty), f(x) \longrightarrow -\infty(x \longrightarrow -\infty)$ である.

なぜなら, $\varepsilon > 0$ が任意に与えられたとき, $\delta = \varepsilon > 0$ とおくと $0 < |x-a| < \delta$ ならば $|f(x)-a| = |x-a| < \delta = \varepsilon$ となる. また $G > 0$ が任意に与えられたとき, $H = G > 0$ とおくと $x > H$ ならば $x > G$ となるし, $x < -H$ ならば $x < -G$ となる.

例3 n を自然数とし, $a_0, a_1, \cdots, a_n$ を実数とする. $f: \boldsymbol{R} \longrightarrow \boldsymbol{R}, x \longmapsto a_0 x^n + a_1 x^{n-1} + \cdots + a_n$ とすると $f(x) \longrightarrow f(x_0) (x \longrightarrow x_0)$. ただし x_0 は任意の実数である.

なぜなら例2によって $x \longrightarrow x_0 (x \longrightarrow x_0)$. これと例1と（5.10）から $f(x) \longrightarrow f(x_0) (x \longrightarrow x_0)$ が得られる.

例 4　$x \in \mathbf{R} - \{0\}$ に対して $f(x) = \dfrac{1}{x}$ とおくと,

$$f(x) \longrightarrow +\infty \quad (x \longrightarrow 0+0)$$

$$f(x) \longrightarrow -\infty \quad (x \longrightarrow 0-0)$$

$$f(x) \longrightarrow 0 \quad\quad (x \longrightarrow +\infty)$$

$$f(x) \longrightarrow 0 \quad\quad (x \longrightarrow -\infty)$$

実際, $x > 0$ のとき $g(x) = x > 0$ で, 例 2 から $g(x) \longrightarrow 0(x \longrightarrow 0+0)$. ゆえに (5.12) よって $f(x) = \dfrac{1}{g(x)} \longrightarrow +\infty(x \longrightarrow 0+0)$. また $x < 0$ のとき $h(x) = -x > 0$.　$h(x) \longrightarrow 0(x \longrightarrow 0-0)$. したがって $\dfrac{1}{h(x)} \longrightarrow +\infty(x \longrightarrow 0-0)$. (5.11) によって $f(x) = (-1)\dfrac{1}{-x} = (-1) \cdot \dfrac{1}{h(x)} \longrightarrow -\infty(x \longrightarrow 0-0)$. 次に $x > 0$ のとき $g(x) = x > 0$ で, $g(x) \longrightarrow +\infty(x \longrightarrow +\infty)$. ゆえに $f(x) = \dfrac{1}{g(x)} \longrightarrow 0(x \longrightarrow +\infty)$. $f(x) \longrightarrow 0(x \longrightarrow -\infty)$ も同じようにして示される.

例 5　n を自然数とし, $x \in \mathbf{R}$ に対して $f(x) = x^n$ とおくと, $f(x) \longrightarrow +\infty(x \longrightarrow +\infty)$.

なぜなら $x > 1$ のとき $f(x) = x^n \geqq x$. 例 2 から $x \longrightarrow +\infty(x \longrightarrow +\infty)$. ゆえに比較法によって $f(x) \longrightarrow +\infty(x \longrightarrow +\infty)$.

例 6　n を自然数とし, $0 < x < +\infty$ に対して $f(x) = \dfrac{x^n}{x^n + 1}$ とおくと, $f(x) \longrightarrow 1(x \longrightarrow +\infty)$.

なぜなら $x > 1$ に対して $|f(x) - 1| = \left|\dfrac{x^n}{x^n + 1} - 1\right| = \left|\dfrac{x^n - (x^n + 1)}{x^n + 1}\right| = \dfrac{1}{x^n + 1} < \dfrac{1}{x} \cdot \dfrac{1}{x} \longrightarrow 0(x \longrightarrow +\infty)$ であるから比較法によって $f(x) \longrightarrow 1(x \longrightarrow +\infty)$.

終りに演習問題を出しておくから考えてみられたい.

問 1　次の関数 f の極限に関する命題をエプシロン・デルタ論法

を用いてきちんと述べてみよ.

(1) 実数 b は f の a における右極限でない.

(2) $x \longrightarrow a+0$ とき $f(x)$ は発散する.

問2 $x \longrightarrow a$ とき $f(x) \longrightarrow +\infty$ ならば $x \longrightarrow a$ とき $f(x)$ は発散することを証明せよ.

問3 (5.4) は $\lim_{x \to a+0} f(x)$ と $\lim_{x \to a-0} f(x)$ の場合にも成り立つことを証明せよ.（これらの場合, $\lim_{x \to a} f(x)$ のときの数列 (x_n) の条件 $x_n \neq a$ は, 右極限のときには $x_n > a$, 左極限のときには $x_n < a$ となることに注意せよ.）

問4 (5.7), (5.8), (5.9), (5.11), (5.12) を (5.4) と数列の極限に関する対応する結果を用いて証明してみよ.

問5 例4を定義にしたがって直接証明してみよ.

第 6 章

関数の連続性

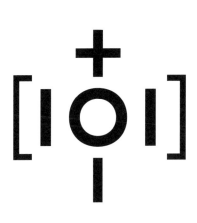

　この章では関数の「連続性」について初歩的で基本的な事柄を紙数の制約のためもあっていくつかひろって述べることにしよう. もちろん扱う関数は実数全体の集合 $\boldsymbol{R}$ の空集合でない部分集合上の関数である. さて関数 $f\colon E \longrightarrow \boldsymbol{R}$ が与えられたとする. そうすると $x \in D(f)$ に対して x における f の値として実数 $y = f(x)$ が定まる. いま $x_0 \in D(f)$ とする. このとき $x_1 \in D(f)$ が x_0 に「近い」ならこの x_1 における f の値 $y_1 = f(x_1)$ が x_0 における f の値 $y_0 = f(x_0)$ に「近い」という現象が起るならば, f は x_0 で「連続」であるというのである. この関数の連続性をきちんと定義するためにここで「ε 近傍」の概念を導入しよう. 実数 a が与えられたとき, 正の数 ε に対して

$$U(a,\varepsilon) = \{x | x \in \boldsymbol{R}, |x - a| < \varepsilon\}$$

とおき, この集合を a の ε **近傍**という. これを用いると関数の連続性は次のように定式化される.

　定義　E を $\boldsymbol{R}$ の空集合でない部分集合とし, f は E を定義域とする関数であるとする. いま x_0 を $E = D(f)$ の一つの要素とする. このとき x_0 における f の値 $f(x_0)$ のどんな ε 近傍 $U(f(x_0),\varepsilon)$ に対しても x_0 のある δ 近傍 $U(x_0,\delta)$ が存在して $D(f)$ と $U(x_0,\delta)$ の共通集合 $D(f) \cap U(x_0,\delta)$ のすべての要素 x に対して x における f の値 $f(x)$ は $U(f(x_0),\varepsilon)$ に属するならば, 関数 f は x_0 で**連続**であるという. そして f が $E = D(f)$ のすべての x で連続のとき f は E で連続であるという. また f が x_0 で連続でないとき, f は x_0 で**不連続**であるという.

　言い換えれば, 関数 $f\colon E \longrightarrow \boldsymbol{R}$ が $x_0 \in E$ で連続であるとは

　『どんな正の数 ε に対しても適当な正の数 δ が存在して $x \in E$ かつ $|x - x_0| < \delta$ なるすべての x に対して $|f(x) - f(x_0)| < \varepsilon$ となる』ことである. また $f\colon E \longrightarrow \boldsymbol{R}$ が $x_0 \in E$ で不連続であるとは

『適当な正の数 ε が存在してどんな正の数 δ に対しても $x \in E$ かつ $|x - x_0| < \delta$ なるある x が存在して $|f(x) - f(x_0)| \geqq \varepsilon$ となる』ことである（図20参照）．というのは $x \in E \cap U(x_0, \delta)$ は $x \in E$ かつ $|x - x_0| < \delta$ を意味し，$f(x) \in U(f(x_0), \varepsilon)$ は $|f(x) - f(x_0)| < \varepsilon$ を意味するからである．

例1　E を $\boldsymbol{R}$ の空集合でない部分集合とする．このとき
(1) 関数 $f : E \longrightarrow \boldsymbol{R}$, $x \longmapsto c$ は E で連続である．ここに c は任意に与えられた実数である．
(2) 関数 $f : E \longrightarrow \boldsymbol{R}$, $x \longmapsto x$ は E で連続である．
(3) 関数 $f : E \longrightarrow \boldsymbol{R}$, $x \longmapsto |x|$ は E で連続である．

（証明）（1）$x_0 \in E$ とする．$\varepsilon > 0$ を任意に与えたとき $\delta = \varepsilon > 0$ とおくと，$x \in E$, $|x - x_0| < \delta$ なる x について $|f(x) - f(x_0)| = |c - c| = 0 < \varepsilon$ となる．

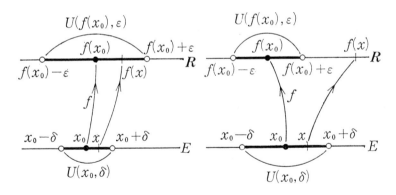

f は x_0 で連続である． f は x_0 で不連続である．
x が x_0 に近いときいつも x が x_0 に近くても
$f(x)$ は $f(x_0)$ に近い． $f(x)$ は $f(x_0)$ に近いとは限らない．

図20

(2) $x_0 \in E$ とし，$\varepsilon > 0$ を任意に与える．$\delta = \varepsilon > 0$ とおくと $x \in E, |x - x_0| < \delta$ ならば $|f(x) - f(x_0)| = |x - x_0| < \delta = \varepsilon$ となる．

(3) $x_0 \in E$ とし，$\varepsilon > 0$ を任意に与える．$\delta = \varepsilon > 0$ とおくと，$x \in E$ が $|x - x_0| < \delta$ を満たすとき $|f(x) - f(x_0)| = ||x| - |x_0|| \leqq |x - x_0| < \delta = \varepsilon$ となる．ここで (2.23) が用いられた．

例2 $E = \{x | x \in \mathbf{R}, 0 \leqq x \leqq 1\}$ とおき，関数 $f : E \longrightarrow \mathbf{R}$ を

$$f(x) = \begin{cases} 1 & (x \in E, \ x\text{は有理数のとき}) \\ 0 & (x \in E, \ x\text{は無理数のとき}) \end{cases}$$

と定義する．このとき E のすべての要素 x_0 で f は不連続である．

なぜなら x_0 が有理数である場合，$\varepsilon = \dfrac{1}{2} > 0$ とすればどんな $\delta > 0$ に対しても $|x - x_0| < \delta, \ x \in E$ なる無理数 x が存在する（2章の終りの演習問題の問8を参照のこと）．するとこの x に対して $|f(x) - f(x_0)| = |0 - 1| = 1 > \dfrac{1}{2} = \varepsilon$ となる．また x_0 が無理数である場合，やはり $\varepsilon = \dfrac{1}{2} > 0$ とするとどんな $\delta > 0$ に対しても (2.31) によって $x \in E, \ |x - x_0| < \delta$ なる有理数 x が存在する．この x に対して $|f(x) - f(x_0)| = |1 - 0| = 1 > \dfrac{1}{2} = \varepsilon$ となる．

次の結果によれば関数の連続性は数列の極限や関数の極限を用いて調べることができる．

(**6.1**) 『E を $\mathbf{R}$ の空集合でない部分集合，f を E 上の関数，x_0 を E の要素とする．このとき f が x_0 で連続であるための必要十分条件は，$x_n \in E, x_n \longrightarrow x_0$ なる任意の数列 (x_n) に対して数列 $(f(x_n))$ が $f(x_0)$ に収束すること，すなわち $x_n \in E, \lim\limits_{n \to \infty} x_n = x_0$ ならば $\lim\limits_{n \to \infty} f(x_n) = f(x_0)$ となることである．またある $\eta > 0$ に対して $U(x_0, \eta) \subset E$ であるとき f が x_0 で連続であるための必要十分条件は $\lim\limits_{x \to x_0} f(x) = f(x_0)$ となることである』

（証明）まず前半を証明しよう．f が $x_0 \in E$ で連続であるとする．任意の $\varepsilon > 0$ に対してある $\delta > 0$ が存在して $x \in E, |x - x_0| < \delta$ ならば $|f(x) - f(x_0)| < \varepsilon$ となる．いま $x_n \in E, x_n \longrightarrow x_0$ とすれば，この δ に対してある自然数 m が存在して $n \geqq m$ ならば $|x_n - x_0| < \delta$ となる．そうすると $x_n \in E$ であるので $n \geqq m$ に対して $|f(x_n) - f(x_0)| < \delta$ となる．よって $f(x_n) \longrightarrow f(x_0)$.
こんどはこの逆を対偶をとって証明しよう．f が x_0 で連続でないとすればある $\varepsilon > 0$ が存在してどんな $\delta > 0$ に対しても $x \in E, |x - x_0| < \delta$ であるが $|f(x) - f(x_0)| \geqq \varepsilon$ となる x が存在する．そこで $\delta = \dfrac{1}{n} (n = 1, 2, \cdots)$ としたときこれに対して得られる x を x_n と書けば，数列 (x_n) は，$x_n \in E, |x_n - x_0| < \dfrac{1}{n}, |f(x_n) - f(x_0)| \geqq \varepsilon$ を満たす．そうすると (x_n) のとり方から $x_n \in E$ で，さらに $\dfrac{1}{n} \longrightarrow 0$ から $x_n \longrightarrow x_0$. しかし $|f(x_n) - f(x_0)| \geqq \varepsilon > 0$ であるから $f(x_n) \longrightarrow f(x_0)$ とならない．これで前半の証明が終る．後半の証明は次のことに注意すればただちに得られる．『任意の $\varepsilon > 0$ に対してある $\delta > 0$ が存在して $x \in E, |x - x_0| < \delta$ なるすべての x に対して $|f(x) - f(x_0)| < \varepsilon$ となる』と『任意の $\varepsilon > 0$ に対してある $\delta > 0$ が存在して $x \in E, 0 < |x - x_0| < \delta$ なるすべての x に対して $|f(x) - f(x_0)| < \varepsilon$ となる』という二つの命題は同値である．なぜなら $x = x_0$，つまり $|x - x_0| = 0$ のときは $|f(x) - f(x_0)| = |f(x_0) - f(x_0)| = 0$ だからである．（終）

次に連続関数と連続関数の合成関数は連続であること，また連続関数の和，差，積，商は連続であることを示そう．

（**6.2**）　『関数 $f : A \longrightarrow \boldsymbol{R}$，関数 $g : B \longrightarrow \boldsymbol{R}$ について $W(f) \subset B$ とし，x_0 を A の要素，$y_0 = f(x_0)$ とする．このとき，f が x_0 で連続，g が y_0 で連続ならば f と g の合成関数 $g \circ f : A \longrightarrow \boldsymbol{R}$ は x_0 で連続である』．

（証明）$\varepsilon > 0$ を与えると g が y_0 で連続であるからある $\eta > 0$ が存在して $y \in B, |y - y_0| < \eta$ ならば $|g(y) - g(y_0)| < \varepsilon$ となる．f は x_0 で連続であるからこの $\eta > 0$ に対してある $\delta > 0$ が存在して $x \in A,\ |x - x_0| < \delta$ ならば $|f(x) - f(x_0)| < \eta$ となる．そうすると $\varepsilon > 0$ が任意に与えられたとき，このような $\delta > 0$ をとると $x \in A,\ |x - x_0| < \delta$ ならば $f(x) \in W(f) \subset B$ で $|f(x) - y_0| = |f(x) - f(x_0)| < \eta$ であるから $|g \circ f(x) - g \circ f(x_0)| = |g(f(x)) - g(f(x_0))| = |g(f(x)) - g(y_0)| < \varepsilon$ となる．これは $g \circ f$ が x_0 で連続なことをを示している．（図 21 参照.）（終）

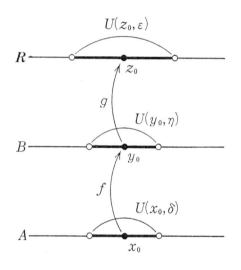

図21

（**6.3**）『α, β を実数とし，関数 f, g について $D(f) \cap D(g) \neq \phi$ とし，x_0 を $D(f) \cap D(g)$ の要素とする．このとき f, g が x_0 で連続ならば $\alpha f + \beta g, fg, \dfrac{f}{g}$ も x_0 で連続である．ただし商 $\dfrac{f}{g}$ の場合，x_0 は $D(f) \cap (D(g) - g^{-1}(\{0\}))$ の要素とする』.

（証明）$x_n \in D(f) \cap D(g)$, $x_n \longrightarrow x_0$ なる任意の数列 (x_n) をとる．f, g は x_0 で連続であるから (6.1) によって $f(x_n) \longrightarrow f(x_0)$, $g(x_n) \longrightarrow g(x_0)$ となる．そうすると (4.10) によって $(\alpha f + \beta g)(x_n) \longrightarrow (\alpha f + \beta g)(x_0)$, $(fg)(x_n) \longrightarrow (fg)(x_0)$, $\left(\dfrac{f}{g}\right)(x_n) \longrightarrow \left(\dfrac{f}{g}\right)(x_0)$ が得られる．ゆえに (6.1) によって $\alpha f + \beta g, fg, \dfrac{f}{g}$ は x_0 で連続である．ただし商の場合は $x_n \in D(f) \cap \left(D(g) - g^{-1}(\{0\})\right)$ とする．（終）

例 3　E を $\boldsymbol{R}$ の空集合でない部分集合とする．このとき関数 $f : E \longrightarrow \boldsymbol{R}, x \longmapsto a_0 x^n + a_1 x^{n-1} + \cdots\cdots + a_n$ は E で連続である．ただし n は自然数で，$a_0, a_1, \cdots\cdots, a_n$ は実数である．これは例 1 の (1), (2) と (6.3) から得られる．

さて $\boldsymbol{R}$ の「区間」を次のように定義する．a, b を実数とするとき

$$[a, b] = \{x | x \in \boldsymbol{R}, \quad a \leqq x \leqq b\}$$

$$(a, b) = \{x | x \in \boldsymbol{R}, \quad a < x < b\}$$

$$(a, b] = \{x | x \in \boldsymbol{R}, \quad a < x \leqq b\}$$

$$[a, b) = \{x | x \in \boldsymbol{R}, \quad a \leqq x < b\}$$

$$(-\infty, a] = \{x | x \in \boldsymbol{R}, \quad x \leqq a\}$$

$$[b, +\infty) = \{x | x \in \boldsymbol{R}, \quad b \leqq x\}$$

$$(-\infty, a) = \{x | x \in \boldsymbol{R}, \quad x < a\}$$

$$(b, +\infty) = \{x | x \in \boldsymbol{R}, \quad b < x\}$$

$$(-\infty, +\infty) = \{x | x \in \boldsymbol{R}\}$$

と定義し，これらの集合を**区間**という．とくに $[a, b]$ を**閉区間**，(a, b) を**開区間**という．

例えば実数 a の ε 近傍 $U(a, \varepsilon)$ は開区間 $(a - \varepsilon, a + \varepsilon)$ であるし，実数 a と正数 $\delta > 0$ に対して集合 $\{x | x \in \boldsymbol{R}, |x - a| \leqq \delta\}$ は閉区間

$[a - \delta, a + \delta]$ である.

　区間上の関数は理論上でも応用面でもともによく扱われるものであるが,まず区間上の「狭義の単調関数」について次の結果が成り立つことに注意する.

　(6.4)　『区間 I 上の狭義の単調関数 f は逆関数 f^{-1} をもち,この逆関数 $f^{-1} : W(f) \longrightarrow I$ は $D(f^{-1}) = W(f)$ で連続である』.

　証明を述べる前に「狭義の単調関数」の定義をはっきりさせておこう.関数 f が区間 I 上で**狭義の単調増大**であるとは,$x_1 < x_2$ なる I の任意の要素 x_1, x_2 に対して $f(x_1) < f(x_2)$ が成り立つことであり,f が I 上で**狭義の単調減少**であるというのは,$x_1 < x_2$ なる I の任意の要素 x_1, x_2 に対して $f(x_1) > f(x_2)$ が成り立つことである.そして狭義の単調増大関数と狭義の単調減少関数を総称して**狭義の単調関数**という.

　(6.4) の証明.狭義の単調増大の場合についてだけ証明する.狭義の単調減少の場合も同じように証明されるからである.またどの形の区間に対しても同じように証明できるから $I = [a, b](a < b)$ の場合を考える.すなわち f は $I = [a, b]$ 上で狭義の単調増大であるとする.そうすると $x_1, x_2 \in I, x_1 \neq x_2$ ならば $x_1 < x_2$ または $x_1 > x_2$ で,f は I 上で狭義の単調増大であるから $f(x_1) < f(x_2)$ または $f(x_1) > f(x_2)$ となる.ゆえに $f(x_1) \neq f(x_2)$.したがって $x_1 \neq x_2$ ならば $f(x_1) \neq f(x_2)$,つまり f は I 上で 1 対 1 である.よって f は逆関数 f^{-1} をもつ.次に f^{-1} の連続性を示そう.いま $y_0 \in D(f^{-1}) = W(f)$ とし,$f^{-1}(y_0) = x_0$ とする.そうすると $x_0 \in I = [a, b]$, $f(x_0) = y_0$.$\varepsilon > 0$ を任意に与える.x_0 について $x_0 = a$ か $a < x_0 < b$ か $x_0 = b$ かいずれかであるが,$a < x_0 < b$ であるとする.このとき $\eta = \min\{x_0 - a, b - x_0, \varepsilon\}$ とおくと $\eta > 0$ で,$a \leqq x_0 - \eta < x_0 < x_0 + \eta \leqq b$ となる.$x_0 - \eta \in I, x_0 + \eta \in I$ であるから $y_1 = f(x_0 - \eta)$. $y_2 = f(x_0 + \eta)$ とおけば $y_1, y_2 \in W(f) = D(f^{-1})$

で，f は I 上で狭義の単調増大だから $y_1 < y_0 < y_2$ となる．そこで $\delta = \min\{y_0 - y_1, y_2 - y_0\}$ とおくと $\delta > 0$．この δ について $y \in D(f^{-1}), |y - y_0| < \delta$ ならば，$y_1 \leqq y_0 - \delta < y < y_0 + \delta \leqq y_2$ で，f は I 上で狭義の単調増大だから $f^{-1}(y_0) - \eta = x_0 - \eta = f^{-1}(y_1) < f^{-1}(y) < f^{-1}(y_2) = x_0 + \eta = f^{-1}(y_0) + \eta$，これから $|f^{-1}(y) - f^{-1}(y_0)| < \eta \leqq \varepsilon$ が得られる．これで $a < x_0 < b$ の場合 f^{-1} が y_0 で連続なことが示された．$x_0 = a, x_0 = b$ の場合も同じようにして f^{-1} が y_0 で連続なことが示される．(6.4) の証明終．

　次に連続関数に関する最も重要な定理の一つを述べよう．

> **定理 6.1.（最大値・最小値の定理）**　閉区間上の連続関数は最大値および最小値を必ずとる．すなわち関数 f が閉区間 $[a, b]$ で連続ならば $\max f([a, b])$ および $\min f([a, b])$ が存在する．

　言い換えれば f が $[a, b]$ で連続のとき，$a \leqq \xi \leqq b$ なる ξ と $a \leqq \eta \leqq b$ なる η が存在して $a \leqq x \leqq b$ なるすべての x に対して $f(\eta) \leqq f(x) \leqq f(\xi)$ となる．$M = f(\xi)$ が f の $[a, b]$ における最大値であり，$L = f(\eta)$ が f の $[a, b]$ における最小値である．なおこのとき f は ξ において最大になる，f は η において最小になるともいう．この定理は連続関数の基本定理の一つである．

　（証明）$A = f([a, b])$ とおくと，$f(a) \in A$ であるから A は $\boldsymbol{R}$ の空集合でない部分集合である．それゆえに実数の連続性によって $\sup A$ が確定する．ところがこの $\sup A$ は有限である．なぜなら $\sup A$ が有限でないとすれば $\sup A = +\infty$ であるからどんな $G > 0$ に対しても $y > G$ なる $y \in A$ が存在する．$G = n (n \in \boldsymbol{N})$ ととれば $y_n > n$ なる $y_n \in A$ が存在する．この y_n に対して $y_n = f(x_n)$ を満たす $a \leqq x_n \leqq b$ なる x_n が存在する．このようにして得られた数

列 (x_n) は有界であるから，定理 4.3 によって (x_n) の部分列 (x_{n_k}) が存在して $x_{n_k} \longrightarrow x_0(k \longrightarrow \infty)$ となる．$a \leqq x_{n_k} \leqq b(k = 1, 2, \cdots)$ であるから (4.9) によって $a \leqq x_0 \leqq b$．一方 f は x_0 で連続で，$x_{n_k} \in [a, b] = D(f)$, $x_{n_k} \longrightarrow x_0$ であるから $y_{n_k} = f(x_{n_k}) \longrightarrow f(x_0)$．ところが $y_{n_k} > n_k$, $n_k \longrightarrow +\infty(k \longrightarrow \infty)$ であるから $y_{n_k} \longrightarrow +\infty$．ゆえに $f(x_0) = +\infty$ でなければならない．これは $f(x_0)$ が実数であること矛盾する．よって $\sup A$ は有限である．そこで $\sup A = M$ とおく．任意の $\varepsilon > 0$ に対して $M - \varepsilon < y \leqq M$ なる $y \in A$ が存在するからとくに $\varepsilon = \dfrac{1}{n}(n \in \boldsymbol{N})$ ととれば $M - \dfrac{1}{n} < y_n \leqq M$ なる $y_n \in A$ が存在する．$M - \dfrac{1}{n} \longrightarrow M(n \longrightarrow \infty)$ だからはさみうちの方法によって $y_n \longrightarrow M(n \longrightarrow \infty)$．他方この y_n に対して $y_n = f(x_n)$, $a \leqq x_n \leqq b$ なる x_n が存在する．こうして得られた数列 (x_n) は有界であるから定理 4.3 によって $x_{n_k} \longrightarrow \xi(k \longrightarrow \infty)$ なる (x_n) の部分列 (x_{n_k}) が存在する．$a \leqq x_{n_k} \leqq b$ から $a \leqq \xi \leqq b$．f は ξ で連続だから $y_{n_k} = f(x_{n_k}) \longrightarrow f(\xi)$．一方 $y_n \longrightarrow M$ で (y_{n_k}) は (y_n) の部分列であるから (4.6) によって $y_{n_k} \longrightarrow M$．これから $f(\xi) = M$．ゆえに $M \in A$，すなわち $\sup A \in A$．(2.29) によって $\max A$ が存在する．これで f の $[a, b]$ における最大値の存在することが示された．最小値の存在も同じようにして示される．（終）

なおこの定理は「閉」区間 $[a, b]$ を「開」区間 (a, b) におきかえると成り立たないことに注意しておく（この章の終りの演習問題の問 2 をみられたい）．

次の「中間値の定理」も連続関数に関する基本的な定理で大変重要なものである．

定理 6.2. （**中間値の定理**）　関数 f は区間 I で連続とし，α, β はともに f の値域 $W(f)$ の要素で $\alpha < \beta$ とする．このとき

$\alpha < \gamma < \beta$ なる任意の γ に対して $\gamma = f(c)$ なる I の要素 c が存在する.

つまり区間上の連続関数 f について α, β が f の値であれば α, β の「中間」にある数はすべて f の値であるというのである.

（証明）$\alpha, \beta \in W(f)$ であるから $\alpha = f(a), a \in I$ なる a と $\beta = f(b), b \in I$ なる b が存在する. $\alpha \neq \beta$ であるから $a \neq b$. したがって $a < b$ か $a > b$ かどちらかである. $a < b$ であるとする. まず I は区間であるから $[a,b] \subset I$ となっていることに注意しておく. さて $\alpha < \gamma < \beta$ なる γ が与えられたとし, これに対して $A = \{x | a \leqq x \leqq b, f(x) < \gamma\}$ とおく. そうすると $f(a) = \alpha < \gamma$ であるから $a \in A$. 一方 $x \in A$ ならば $x \leqq b$. したがって A は空集合でない上に有界な集合である. ゆえに実数の連続性から $\sup A$ は有限である. そこで $\sup A = c$ とおけば, $c \in I$ で $f(c) = \gamma$ となって, この c が求めるものであることを示す. はじめに $c \in I$ を示そう. $\sup A = c$ であるから任意の $n \in \mathbf{N}$ に対して $c - \dfrac{1}{n} < x_n \leqq c$, $x_n \in A$ となる x_n が存在する. このようにして得られた数列 (x_n) について, $c - \dfrac{1}{n} \longrightarrow c$, $c - \dfrac{1}{n} < x_n \leqq c$ であるからはさみうちの方法によって $x_n \longrightarrow c$ となる. またすべての $n \in \mathbf{N}$ に対して $a \leqq x_n \leqq b$ であるから $a \leqq c \leqq b$. よって $c \in I$ である. 次に $f(c) = \gamma$ を示そう. まず f は c で連続で, $x_n \in I$, $x_n \longrightarrow c$ だから $f(x_n) \longrightarrow f(c)$. 一方 $x_n \in A$ から $f(x_n) < \gamma$. ここで $n \longrightarrow \infty$ として $f(c) \leqq \gamma$ が得られる. ところが $c \leqq b$, $\gamma < f(b)$ であるから $c < b$. そこで $n \in \mathbf{N}$ に対して $z_n = c + \dfrac{b-c}{n}$ とおくと, $b - c > 0$ だから $c < z_n$. また $z_n \in I$, $z_n \longrightarrow c$ で f は c で連続だから $f(z_n) \longrightarrow f(c)$. 一方 c は A の上限で, $c < z_n$ であるから $z_n \notin A$. しかも $a \leqq z_n \leqq b$. したがって $f(z_n) \geqq \gamma$. ここで $n \longrightarrow \infty$ として $f(c) \geqq \gamma$ が得られる. 以上により $\gamma \leqq f(c) \leqq \gamma$. よって $f(c) = \gamma$. $a > b$ の場合も同じような結

果が得られる．これで中間値の定理が証明された．（終）

　この中間値の定理を応用して実数の **n 乗根**の存在を示してみよう．

　例 4　n が 1 より大きい偶数で，a が任意に与えられた負でない実数であるとする．このとき $x^n = a$ を満たす負でない実数 x がただ一つ存在する．この実数を $\sqrt[n]{a}$ と書き表わす．$n = 2$ の場合は $\sqrt[2]{a} = \sqrt{a}$（a の正の平方根）と書かれる．また n が正の奇数で，a が任意に与えられた実数であるとき，$x^n = a$ を満たす実数 x がただ一つ存在する．この実数も $\sqrt[n]{a}$ と書き表わされる．

　はじめに n が 1 より大きい偶数の場合について考えよう．$x \in \mathbf{R}$ が $x^n = 0$ となるのは $x = 0$ のときしかもこのときだけであるから $0 < a$ としてよい．さて関数

$$f : [0, +\infty) \longrightarrow \mathbf{R}, \ x \longmapsto x^n$$

は例 3 でみたように区間 $[0, +\infty)$ で連続である．しかも $f(0) = 0^n = 0$ で，5 章の例 5 から $f(x) \longrightarrow +\infty (x \longrightarrow +\infty)$ である．このことから $a > 0$ に対してある $x_1 > 0$ が存在して $f(x_1) > a$ となる．いま $\alpha = 0, \beta = f(x_1)$ とおけば $\alpha \in W(f), \beta \in W(f)$ で $\alpha < a < \beta$ である．ゆえに中間値の定理によって $f(x_0) = a$，すなわち $x_0{}^n = a$ を満たす $x_0 \in [0, +\infty)$ が存在する．一方 $0 \leq x_1 < x_2$ ならば $f(x_1) = x_1{}^n < x_2{}^n = f(x_2)$ であるから f は $[0, +\infty)$ で 1 対 1 である．したがってこのような x_0 はただ一つである．これで n が偶数の場合の証明が終る．次に n が奇数の場合は関数 $g : \mathbf{R} \longrightarrow \mathbf{R}, x \longmapsto x^n$ を考え，$g(x) \longrightarrow +\infty (x \longrightarrow +\infty), g(x) \longrightarrow -\infty (x \longrightarrow -\infty)$ に注意すればいまと同じようにして証明される．

　例 5　n が 1 より大きい偶数のとき，関数 $F : [0, +\infty) \longrightarrow \mathbf{R}$, $x \longmapsto \sqrt[n]{x}$ は $[0, +\infty)$ で連続であり，n が正の奇数のとき，関数

$G: \boldsymbol{R} \longrightarrow \boldsymbol{R}, x \longmapsto \sqrt[n]{x}$ は $\boldsymbol{R}$ で連続である．まず関数 F および G の定義が意味をもつことは例 4 からわかる．またこれらの関数の連続性については，F および G はそれぞれ例 4 の f および g の逆関数であり，しかも f は区間 $[0, +\infty)$ 上で，g は区間 $(-\infty, \infty)$ 上でそれぞれ狭義の単調増大であることに注意すれば，(6.4) によって F も G もどちらも連続なことがわかる．

最後に方程式「$f(x) = x$」に関する興味深い結果を一つ紹介しよう．

(**6.5**)　『閉区間 $[a, b]$ から同じ閉区間 $[a, b]$ への関数 f が次の条件を満たしているとする．すなわちある定数 $0 < M < 1$ が存在して $[a, b]$ に属する任意の実数 x, y に対して

$$(L) \quad |f(x) - f(y)| \leqq M|x - y|$$

が成り立つ．このとき方程式 $f(x) = x$ は $[a, b]$ の中にただ一つの解をもつ．すなわち $f(c) = c, a \leqq c \leqq b$ なる実数 c がただ一つ存在する．しかも $a \leqq x_0 \leqq b$ なる x_0 を任意にとり，これより順次 $x_1 = f(x_0), x_2 = f(x_1), \cdots, x_{n+1} = f(x_n), \cdots$ とおくことによって得られる数列 (x_n) に対して $x_n \longrightarrow c(n \longrightarrow \infty)$ となる』．

このような c は関数 $f: [a, b] \longrightarrow [a, b]$ の**不動点**と呼ばれている．上の結果は与えられた条件の下で不動点が存在し，その不動点がいわゆる「反復法」で求められることを示している．また上の条件を満たす関数は証明の中でみられるように連続となる．次に述べる証明では数列の極限に関するコーシーの定理を用いるが，別の証明についてはこの章の終りの演習問題の問 5 をみられたい．

（証明）まず $f: [a, b] \longrightarrow [a, b]$ だから数列 (x_n) の定義は意味をもつことに注意する．またこの (6.5) を証明するには，$\lim_{n \to \infty} x_n = c$ が存在して $a \leqq c \leqq b$ かつ $f(c) = c$ となることと，$a \leqq c \leqq b$ かつ

$f(c) = c$ なる c はただ一つしか存在しないことを示せばよい.

はじめに $\lim_{n \to \infty} x_n$ が存在することをコーシーの定理を用いて示そう.

f に対する条件の不等式 (L) から任意の $p \in \boldsymbol{N}$ に対して

$$|x_{p+1} - x_p| \leqq M^p |x_1 - x_0| \qquad ①$$

が成り立つ. なぜなら $|x_{p+1} - x_p| = |f(x_p) - f(x_{p-1})| \leqq M|x_p - x_{p-1}| = M|f(x_{p-1}) - f(x_{p-2})| \leqq M^2 |x_{p-1} - x_{p-2}| \leqq \cdots \leqq M^p |x_1 - x_0|$.

m, n を $n > m$ なる自然数とすれば①から

$$
\begin{aligned}
|x_n - x_m| &= |(x_n - x_{n-1}) + (x_{n-1} - x_{n-2}) + \cdots \\
&\qquad \cdots + (x_{m+2} - x_{m+1}) + (x_{m+1} - x_m)| \\
&\leqq |x_n - x_{n-1}| + |x_{n-1} - x_{n-2}| + \cdots + |x_{m+2} - x_{m+1}| + |x_{m+1} - x_m| \\
&\leqq M^{n-1}|x_1 - x_0| + M^{n-2}|x_1 - x_0| + \cdots + M^{m+1}|x_1 - x_0| + M^m|x_1 - x_0| \\
&= M^m |x_1 - x_0|(M^{n-m-1} + M^{n-m-2} + \cdots + M + 1) \\
&= M^m \cdot |x_1 - x_0| \cdot \frac{1 - M^{n-m}}{1 - M} \leqq \frac{|x_1 - x_0|}{1 - M} M^m. \quad \text{ゆえに } n \geqq m \text{ に対して}
\end{aligned}
$$

$$|x_n - x_m| \leqq \frac{|x_1 - x_0|}{1 - M} M^m \qquad ②$$

となる. さて $0 < M < 1$ だから 4 章の公式 4 によって $M^m \longrightarrow 0(m \longrightarrow \infty)$. したがって $\frac{|x_1 - x_0|}{1 - M} M^m \longrightarrow 0(m \longrightarrow \infty)$. だからいま $\varepsilon > 0$ を任意に与えるとある自然数 n_0 が存在して $m \geqq n_0$ ならば

$$\frac{|x_1 - x_0|}{1 - M} M^m < \varepsilon \qquad ③$$

となる. ゆえに②と③から $n \geqq m \geqq n_0$ ならば

$$|x_n - x_m| < \varepsilon$$

となる. よって数列 (x_n) はコーシーの定理から極限 $\lim_{n \to \infty} x_n$ をもつことがわかる.

そこでこんどは $\lim_{n\to\infty} x_n = c$ とおくとき，$a \leqq c \leqq b, f(c) = c$ となることを示そう．まず，$a \leqq x_n \leqq b$ から $a \leqq c \leqq b$．次に f に対する不等式 (L) から $a \leqq x \leqq b$ に対して $|f(x) - f(c)| \leqq M|x - c|$．$\varepsilon > 0$ を任意に与えたとき $\delta = \dfrac{\varepsilon}{M} > 0$ とれば $|x - c| < \delta, a \leqq x \leqq b$ に対して $|f(x) - f(c)| \leqq M|x - c| < M\delta = \varepsilon$，つまり $|f(x) - f(c)| < \varepsilon$．ゆえに f は c で連続である．他方 $x_n \longrightarrow c$ だから $x_{n+1} \longrightarrow c$．したがって $x_{n+1} = f(x_n)$ において $n \longrightarrow \infty$ とすれば $c = \lim_{n\to\infty} x_{n+1} = \lim_{n\to\infty} f(x_n) = f\left(\lim_{n\to\infty} x_n\right) = f(c)$．よって $f(c) = c$．これで $a \leqq c \leqq b, f(c) = c$ が示された．

あと証明しなければならないのはこのような c がただ一つなことである．いま $c_1 = f(c_1), c_2 = f(c_2), a \leqq c_1, c_2 \leqq b, c_1 \neq c_2$ とすれば，$|c_1 - c_2| > 0$ で $M < 1$ だから $|c_1 - c_2| = |f(c_1) - f(c_2)| \leqq M|c_1 - c_2| < |c_1 - c_2|$．これは矛盾である．よって $c_1 = c_2$ でなければならない．これで (6.5) は証明された．（終）

例 6　$f(x) = \dfrac{1}{2}\left(x + \dfrac{2}{x}\right)$ $(1 \leqq x \leqq 2)$ で定義される f は $[1,2]$ から $[1,2]$ への関数で，$1 \leqq x, y \leqq 2$ なる任意の x,y に対して $|f(x) - f(y)| \leqq \dfrac{1}{2}|x - y|$ となる．ゆえに (6.5) によって $1 \leqq c \leqq 2, f(c) = c$ を満たす実数 c がただ一つ存在する．実はこの c は $\sqrt{2}$ に等しい．そうすると (6.5) から $x_0 = 1$ として

$$x_1 = f(x_0) = f(1) = \frac{3}{2} = 1.5$$
$$x_2 = f(x_1) = f\left(\frac{3}{2}\right) = \frac{17}{12} = 1.416666\cdots$$
$$x_3 = f(x_2) = f\left(\frac{17}{12}\right) = \frac{577}{408} = 1.414215\cdots$$
$$\vdots$$
$$x_{n+1} = f(x_n)$$
$$\vdots$$

とおけば，$x_n \longrightarrow \sqrt{2}$ である．これらの吟味は読者に任せる．

　連続関数の基礎的な事柄はもちろんここで述べたことでつくされているわけではないが，これまでのようにこの連続関数に関する簡単な演習問題をいくつか出して，実数をもとにして進めてきた極限と連続の話をこれで終ることにする．

問 1　次の性質（ⅰ）と（ⅱ）をもつ関数 $f : [0,1] \longrightarrow [0,1]$ を作れ．

（ⅰ）f は $[0,1] - \left\{\dfrac{1}{2}\right\}$ に属するすべての x で連続である．

（ⅱ）f は $\dfrac{1}{2}$ で不連続であるが，右極限 $f\left(\dfrac{1}{2}+0\right)$ および左極限 $f\left(\dfrac{1}{2}-0\right)$ がともに存在する．

問 2　関数 $f : (0,1) \longrightarrow \boldsymbol{R}$, $x \longmapsto \dfrac{1}{x}$ は $(0,1]$ で最大値をもたないことを示せ．

問 3　関数 $f : (a,b) \longrightarrow \boldsymbol{R}$ と $g : A \longrightarrow \boldsymbol{R}$ について $W(f) \subset A$ とし，$x_0 \in (a,b), y_0 \in A$ とする．このとき g が y_0 で連続で，$f(x) \longrightarrow y_0 \, (x \longrightarrow x_0)$ ならば $g \circ f(x) \longrightarrow g(y_0) \, (x \longrightarrow x_0)$ であることを証明せよ．

問 4　関数 $f : \boldsymbol{R} \longrightarrow \boldsymbol{R}$ は $\boldsymbol{R}$ で連続でしかも $\boldsymbol{R}$ で「加法的」すなわち任意の実数 x, y に対して $f(x+y) = f(x) + f(y)$ を満たすならば，ある実数 a が存在してすべての実数 x に対して $f(x) = ax$ となることを証明せよ．

問 5　(6.5) の条件を満たす関数 f に対して方程式 $f(x) = x$ が $[a,b]$ の中に解 c をもつことを中間値の定理を用いて証明せよ．

演習問題のヒント

1. 集合 (問 3) ベン図を参考にして考えてみよ. $x \in A \triangle (B \triangle C) \iff (x \in A$ かつ $x \notin A \cap (B \triangle C))$ または $(x \in B \triangle C$ かつ $x \notin A \cap (B \triangle C))$. $(x \in A$ かつ $x \notin A \cap (B \triangle C)) \iff (x \in A$ かつ $x \notin B \cup C)$ または $(x \in A \cap B \cap C)$. $(x \in B \triangle C$ かつ $x \notin A \cap (B \triangle C)) \iff (x \in C$ かつ $x \notin A \cup B)$ または $(x \in B$ かつ $x \notin A \cup C)$. $x \in (A \triangle B) \triangle C \iff x \in C \triangle (A \triangle B)$.

2. 実数 (問 1)　$(uv)\left(\dfrac{x}{u} + \dfrac{y}{v}\right) = xv + yu$.

(問 2) $xz \leqq yz \leqq yu$.

(問 5) $\inf A = a$ とおくと任意の $x \in B$ に対して $-x \in A$ から $-x \geqq a$ で, これから $x \leqq -a$. 次に任意の $\varepsilon > 0$ に対して $x_0 \in A$ が存在して $x_0 < a + \varepsilon$. これから $(-a) - \varepsilon < -x_0$, $-x_0 \in B$. よって $-a$ は B について (2.28) の (1), (2) を満たす. ゆえに $\sup B = -a$.

(問 6) 任意の $a \in \boldsymbol{R}$ に対してアルキメデスの原理によって $a < n \cdot 1 = n$ なる自然数 n がある.

(問 7) $\max A = 1$. $\min A$ は存在しない. $\sup A = 1$. $\inf A = 0$.

(問 8) (2.31) より $a < p < q < b$ となる有理数 p, q が存在する. $C = (q - p)\sqrt{2} + 2p - q$ とおくと, $\sqrt{2}$ は無理数かつ $1 < \sqrt{2} < 2$ であるから C も無理数で $p < C < q$ となる.

3. 写像 (問 1) (1) $x \in f^{-1}(C \cup D) \iff f(x) \in C \cup D \iff f(x) \in C$ または $f(x) \in D \iff x \in f^{-1}(C)$ または $x \in f^{-1}(D) \iff x \in f^{-1}(C) \cup f^{-1}(D)$. (2), (3) も同様にして示せる.

4. 数列の極限 (問 1) $||f_n| - |a|| \leqq |f_n - a|$.

(問 2) $f_n \leqq h_1$, $h_n \geqq f_1 (n = 1, 2, \cdots)$. 定理 4.1 によって $\displaystyle\lim_{n \to \infty} f_n = a$, $\displaystyle\lim_{n \to \infty} h_n = b$ が存在する. $f_n - h_n \longrightarrow 0$ から $a = b$. あとははさみうちの方法を適用すればよい.

(問 3) ある $0 < \rho < 1$ なる実数 ρ とある自然数 m が存在して,

$n > m$ なるすべての自然数 n に対して $f_n < \rho f_{n-1}$ となることを示せ. これから $f_n < \rho f_{n-1} < \rho^2 f_{n-2} < \cdots < \rho^{n-m} f_m = \rho^n (\rho^{-m} f_m)$. したがって $|f_n - 0| = f_n < \rho^n (\rho^{-m} f_m) \cdot \rho^n (\rho^{-m} f_m) \longrightarrow 0 (n \rightarrow \infty)$ から $f_n \longrightarrow 0$.

(問 4) 部分列 $(1, 1, 1, \cdots)$ および $(-1, -1, -1, \cdots)$ を考えよ.

(問 5) $a = 1 + h, h > 0$ とおくと $a^n = (1 + h)^n \geqq \dfrac{n(n-1)}{2} h^2$. $\left| \dfrac{n}{a^n} - 0 \right| = \dfrac{n}{(1+h)^n} \leqq \dfrac{2}{(n-1)h^2} \cdot \dfrac{2}{(n-1)h^2} \longrightarrow 0 (n \rightarrow \infty)$ だから $\dfrac{n}{a^n} \longrightarrow 0$.

(問 6) 任意の $G > 0$ に対して自然数 m が存在して $n > m$ ならば $f_n > 2G$. $\dfrac{f_1 + \cdots + f_n}{n} = \dfrac{f_1 + \cdots + f_m}{n} + \dfrac{f_{m+1} + \cdots + f_n}{n} > \dfrac{f_1 + \cdots + f_m}{n} + 2G \left(\dfrac{n-m}{n} \right) = \dfrac{f_1 + \cdots + f_m}{n} - \dfrac{2Gm}{n} + 2G \cdot n \longrightarrow \infty$ とき $\dfrac{f_1 + \cdots + f_m}{n} - \dfrac{2Gm}{n} \longrightarrow 0$. これより自然数 $m_1 > m$ が存在して $n \geqq m_1$ ならば $\dfrac{f_1 + \cdots + f_m}{n} - \dfrac{2Gm}{n} > -G$. 以上から $n \geqq m_1$ に対して $\dfrac{f_1 + \cdots + f_n}{n} > G$.

5. 関数の極限 (問 1)(1) ある正の数 ε が存在してどんな正の数 δ に対しても $a < x < a + \delta$ かつ $|f(x) - b| \geqq \varepsilon$ となる $x (\in D(f))$ が存在する. (2) どんな実数 b に対してもある正の数 ε が存在して任意の正の数 δ に対して $a < x < a + \delta$ かつ $|f(x) - b| \geqq \varepsilon$ となる $x (\in D(f))$ が存在する.

(問 2) $\lim_{x \to a} f(x) = b$ が存在したとする. $\varepsilon > 0$ に対してある $\delta > 0$ をとって $0 < |x - a| < \delta$ ならば $f(x) < b + \varepsilon$ とできる. $\lim_{x \to a} f(x) = +\infty$ から $G > b + \varepsilon$ に対してある $\delta' > 0$ が存在して $0 < |x - a| < \delta'$ ならば $f(x) > G$. $\delta'' = \min \{\delta, \delta'\} > 0$ とおき $0 < |x - a| < \delta''$ なる x をとると $G < f(x) < b + \varepsilon$ となり $G > b + \varepsilon$ に反する.

6. 関数の連続性 (問 1) $x \in [0, 1] - \left\{ \dfrac{1}{2} \right\}$ に対して $f(x) = x, x = \dfrac{1}{2}$ に対して $f(x) = 0$ とおいて得られる関数 f が一つの例である.

(問 3) $x_n \longrightarrow x_0$, $x_n \neq x_0$, $x_n \in D(g \circ f) = D(f)$ なる数列 (x_n)

を任意にとる. $f(x) \longrightarrow y_0 \, (x \longrightarrow x_0)$ だから (5.4) によって $f(x_n) \longrightarrow y_0$. $f(x_n) \in W(f) \subset A$ で, g は y_0 で連続だから (6.1) によって $g(f(x_n)) \longrightarrow y(y_0)$. ゆえに $g \circ f(x_n) \longrightarrow g(y_0)$. (5.4) から $g \circ f(x) \longrightarrow g(y_0) \, (x \longrightarrow x_0)$.

(問 4) $y \in \mathbf{R}$. $f(2y) = f(y) + f(y) = 2f(y)$. 自然数 n に対して $f(ny) = nf(y)$. $f(0) = f(0) + f(0)$ から $f(0) = 0$. $0 = f(0) = f(y - y) = f(y) + f(-y)$ から $f(-y) = -f(y)$. 整数 m に対して $f(my) = mf(y)$. $m \neq 0$ なる整数 m に対して $f\left(\dfrac{1}{m}y\right) = \dfrac{1}{m}f(y)$. したがって有理数 p に対して $f(py) = pf(y)$. q を無理数とすると (2.31) から自然数 n に対して $q - \dfrac{1}{n} < p_n < q$ なる有理数 p_n が存在する. 数列 (p_n) について $p_n \longrightarrow q(n \longrightarrow \infty)$. $p_n y \longrightarrow qy(n \longrightarrow \infty)$. f は qy で連続だから $f(p_n y) \longrightarrow f(qy)$. 他方 $f(p_n y) = p_n f(y) \longrightarrow qf(y)(n \longrightarrow \infty)$. したがって $f(qy) = qf(y)$. よってすべての実数 x に対して $f(xy) = xf(y)$. ここで $y = 1$ とおけば $f(x) = xf(1)$. $f(1) = a$ として $f(x) = ax$ が得られる.

(問 5) $g(x) = f(x) - x$ は $[a, b]$ で連続で, $a \leqq f(x) \leqq b$ から $g(a) = f(a) - a \geqq 0$, $g(b) = f(b) - b \leqq 0$. $f(a) - a = 0$ または $f(b) - b = 0$ なら $f(a) = a$ または $f(b) = b$ から a または b が求めるものである. したがって $f(a) - a > 0$ かつ $f(b) - b < 0$ とする. この場合は $g(b) < 0 < g(a)$ だから中間値の定理によって $g(c) = 0$, $a \leqq c \leqq b$ なる c が存在する. この c について $f(c) = c$. c が求めるものである.

解 析 公 式 集

微 分 法

1. $f = f(x)$ について, $f' = \dfrac{df}{dx}, f^{(n)} = \dfrac{d^n f}{dx^n}$ とおく.

$(f+g)' = f'+g', \quad (cf)' = cf' \, (c \text{ は定数}), \, (fg)' = f'g+fg', \, \left(\dfrac{f}{g}\right)' =$

$\dfrac{f'g - fg'}{g^2} \, (f+g)^{(n)} = f^{(n)} + g^{(n)}, (cf)^{(n)} = cf^{(n)} \quad (c \text{ は定数})$

$(fg)^{(n)} = \displaystyle\sum_{r=0}^{n} {}_n\mathrm{C}_r f^{(n-r)} g^{(r)}$

$\qquad = f^{(n)}g + {}_n\mathrm{C}_1 f^{(n-1)}g' + {}_n\mathrm{C}_2 f^{(n-2)}g'' + \cdots + fg^{(n)}$

（ライプニッツの公式）

2. z が y の関数, y が x の関数のとき, $\quad \dfrac{dz}{dx} = \dfrac{dz}{dy}\dfrac{dy}{dx}$

u が z の関数, z が y の関数, y が x の関数のとき, $\quad \dfrac{du}{dx} = \dfrac{du}{dz}\dfrac{dz}{dy}\dfrac{dy}{dx}$

y が x の関数, 逆に x が y の関数になっているとき, $\quad \dfrac{dy}{dx}\dfrac{dx}{dy} = 1$

x, y が t の関数で, t が x の関数になっているとき, $\dfrac{dy}{dx} = \dfrac{dy}{dt} \Big/ \dfrac{dx}{dt}$

3. a が実数のとき,

$\quad (x^a)' = ax^{a-1}$

$(e^{ax}) = ae^{ax}, \quad (a^x)' = a^x \log a, \quad (\log|x|)' = \dfrac{1}{x}$

$(\sin x)' = \cos x, \quad (\cos x)' = -\sin x, \quad (\tan x)' = \sec^2 x$

$(\cosh x)' = \sinh x, \quad (\sinh x)' = \cosh x$

$\left(\sin^{-1} x\right)' = \dfrac{1}{\sqrt{1-x^2}}, (\cos^{-1} x)' = -\dfrac{1}{\sqrt{1-x^2}}, (\tan^{-1} x)' = \dfrac{1}{1+x^2}$

$e^{ix} = \cos x + i\sin x$ について，　$\left(e^{ix}\right)' = ie^{ix}$

さらに一般に，　λ が複素数の定数のとき，$\left(e^{\lambda x}\right)' = \lambda e^{\lambda x}$

4. $f(x)$ が n 回微分できるとき，$0 < \theta < 1$ として，

$$f(a+h) = f(a) + f'(a)h + \frac{1}{2!}f''(a)h^2 + \cdots + \frac{1}{(n-1)!}f^{(n-1)}(a)h^{n-1} + \frac{1}{n!}f^{(n)}(a+\theta h)h^n$$

（テーラー展開）

$$f(x) = f(0) + f'(0)x + \frac{1}{2!}f''(0)x^2 + \cdots + \frac{1}{(n-1)!}f^{(n-1)}(0)x^{n-1} + \frac{1}{n!}f^{(n)}(\theta x)x^n$$

（マクローリン展開）

微積分の線形性

　$(f+g)' = f' + g', (cf)' = cf'$（$c$ は定数）は微分法の線形性を示している．積分法についても同様で，そのため，微積分の計算では積より和の方が扱いやすく，「分数を部分分数の和に直す」ことや「三角関数の積を和に直す」ことが行われる．後者で使われる公式としては，次のようなものがある．

$$\sin\alpha\cos\beta = \frac{1}{2}(\sin(\alpha+\beta) + \sin(\alpha-\beta)) \quad \sin^2\alpha = \frac{1}{2}(1 - \cos 2\alpha)$$

$$\sin^3\alpha = \frac{1}{4}(3\sin\alpha - \sin 3\alpha) \quad \cos\alpha\cos\beta = \frac{1}{2}(\cos(\alpha+\beta) + \cos(\alpha-\beta))$$

$$\cos^2\alpha = \frac{1}{2}(1 + \cos 2\alpha) \quad \cos^3\alpha = \frac{1}{4}(3\cos\alpha + \cos 3\alpha)$$

$$\sin\alpha\sin\beta = \frac{1}{2}(\cos(\alpha-\beta) - \cos(\alpha+\beta))$$

---

5. $z = f(x,y)$ について，$\dfrac{\partial z}{\partial x}$ を z_x, f_x，また $\dfrac{\partial^2 z}{\partial y\partial x}$ などを z_{xy}, f_{xy} のようにかく．f_{xy}, f_{yx} が連続のとき，　$f_{xy} = f_{yz}$

$u = f(y_1, y_2, \cdots, y_k)$ の偏導関数が連続,　$y_i = \varphi_i(x)(i = 1, 2, \cdots, k)$
が微分可能のとき,

$$\frac{du}{dx} = \sum_{i=1}^{k} \frac{\partial u}{\partial y_i} \frac{dy_i}{dx} = \frac{\partial u}{\partial y_1} \frac{dy_1}{dx} + \frac{\partial u}{\partial y_2} \frac{dy_2}{dx} + \cdots\cdots + \frac{\partial u}{\partial y_k} \frac{dy_k}{dx}$$

変数の個数が増えても同様である.（6,7 についても同じ）

6. x, y が u, v の関数のとき,

$$\frac{\partial(x, y)}{\partial(u, v)} = \begin{vmatrix} x_u & x_v \\ y_u & y_v \end{vmatrix} \quad \text{（関数行列式の定義）}$$

これについて,　x, y が u, v の関数,　u, v が p, q の関数のとき

$$\frac{\partial(x, y)}{\partial(p, q)} = \frac{\partial(x, y)}{\partial(u, v)} \frac{\partial(u, v)}{\partial(p, q)}$$

x, y が u, v の関数, 逆に u, v が x, y の関数のとき, $\dfrac{\partial(x, y)}{\partial(u, v)} \dfrac{\partial(u, v)}{\partial(x, y)} = 1$

7. $f(x, y)$ が何回も偏微分できるとき,

$$f(a + h, b + k) = f(a, b) + \left(f_x(a, b)h + f_y(a, b)k \right)$$
$$+ \frac{1}{2} \left(f_{xx}(a, b)h^2 + 2f_{xy}(a, b)hk + f_{yy}(a, b)k^2 \right) + \cdots\cdots$$

積　分　法

1. $f = f(x), g = g(x)$ のとき,
$$\int (f + g)dx = \int f dx + \int g dx, \int cf dx = c \int f dx \quad \text{（c は定数）}$$
$$\int f'g dx = fg - \int fg' dx \quad \text{（部分積分法）}$$
$x = g(t)$ のとき,　$\int f(t)dx = \int f(g(t))g'(t)dt$　（置換積分法）
$\int f(x)dx = F(x)$ のとき,　$\int f(ax)dx = \dfrac{1}{a}F(ax)$　$(a \neq 0)$

2. $\displaystyle\int x^a dx = \frac{x^{a+1}}{a+1}\,(a \neq -1),\ \int \frac{dx}{x} = \log|x|$ （以下積分定数は省略）

$a \neq 0$ のとき，$\displaystyle\int e^{ax}dx = \frac{1}{a}e^{ax},\ \int \frac{dx}{a^2+x^2} = \frac{1}{a}\tan^{-1}\frac{x}{a}$

$$\int \sin ax\, dx = -\frac{1}{a}\cos ax, \qquad \int \cos ax\, dx = \frac{1}{a}\sin ax$$

$$\int \tan x\, dx = -\log|\cos x|, \qquad \int \cot x\, dx = \log|\sin x|$$

$$\int \operatorname{cosec} x\, dx = \log\left|\tan\frac{x}{2}\right|, \qquad \int \sec x\, dx = \log\left|\tan\left(\frac{x}{2}+\frac{\pi}{4}\right)\right|$$

$$\int \frac{dx}{\sqrt{a^2-x^2}} = \sin^{-1}\frac{x}{a}, \quad \int \sqrt{a^2-x^2}\,dx = \frac{1}{2}\left(x\sqrt{a^2-x^2}+a^2\sin^{-1}\frac{x}{a}\right) \quad (a>0)$$

$$\int \frac{dx}{\sqrt{x^2+a}} = \log\left|x+\sqrt{x^2+a}\right|, \quad \int \sqrt{x^2+a}\,dx = \frac{1}{2}\left(x\sqrt{x^2+a}+a\log\left|x+\sqrt{x^2+a}\right|\right)$$

$a^2+b^2 \neq 0$ のとき，$\displaystyle\int e^{ax}\cos bx\, dx = \frac{e^{ax}}{a^2+b^2}(a\cos bx + b\sin bx)$

$$\int e^{ax}\sin bx\, dx = \frac{e^{ax}}{a^2+b^2}(a\sin bx - b\cos bx)$$

$\displaystyle I_n = \int \frac{dx}{(x^2+d^2)^n}\,(a \neq 0)$ のとき，$\displaystyle I_n = \frac{1}{a^2}\left(\frac{1}{2n-2}\frac{x}{(x^2+a^2)^{n-1}}+\frac{2n-3}{2n-2}I_{n-1}\right)$

3. n が自然数のとき，$\displaystyle\int_0^\infty e^{-x}x^n dx = n\,!$

$a > 0$ のとき，

$$\int_0^\infty e^{-ax}\cos bx\, dx = \frac{a}{a^2+b^2}, \qquad \int_0^\infty e^{-ax}\sin bx\, dx = \frac{b}{a^2+b^2}$$

一般に，

$$\int_0^\pi f(\sin x)dx = 2\int_0^{\frac{\pi}{2}} f(\sin x)dx, \qquad \int_0^{\frac{\pi}{2}} f(\sin x)dx = \int_0^{\frac{\pi}{2}} f(\cos x)dx$$

n が自然数のとき,

$$\int_0^{\frac{\pi}{2}} \sin^{2n} x dx = \int_0^{\frac{\pi}{2}} \cos^{2n} x dx = \frac{2n-1}{2n} \cdot \frac{2n-3}{2n-2} \cdot \frac{2n-5}{2n-4} \cdots \frac{1}{2} \cdot \frac{\pi}{2}$$

$$\int_0^{\frac{\pi}{2}} \sin^{2n+1} x dx = \int_0^{\frac{\pi}{2}} \cos^{2n+1} x dx = \frac{2n}{2n-1} \cdot \frac{2n-2}{2n-1} \cdot \frac{2n-4}{2n-3} \cdots \frac{2}{3}$$

$$\int_0^{\infty} e^{-x^2} dx = \frac{\sqrt{\pi}}{2}, \int_{-\infty}^{\infty} \frac{1}{\sqrt{2\pi}\sigma} \exp\left(\frac{-(x-m)^2}{2\sigma^2}\right) dx = 1 \left(\begin{array}{c} \sigma > 0 \\ 確率積分 \end{array}\right)$$

4. $x=\varphi(u,v), y=(u,v)$ による写像 $(u,v) \to (x,y)$ によって,領域 K が領域 D の上へ 1 対 1 に移され,かつ,$J = \dfrac{\partial(x,y)}{\partial(u,v)} > 0$ のとき,

$$\iint_D f(x,y) dx dy = \iint_K f(\varphi, \phi) J du dv$$

とくに,直角座標 (x,y) から極座標への変換では,$dxdy = rdrd\theta$
3 次元以上でも同様の公式が成り立つ.
とくに,直角座標 (x,y,z) から極座標 (r,θ,φ) への変換では

$$dxdydz = r^2 \sin\theta dr d\theta d\varphi$$

5. 2 つの曲線 $y = f(x), y = g(x)(f(x) \geqq g(x))$ と $x = a, x = b(a < b)$ で囲まれた部分の面積は,

$$S = \int_a^b (f(x) - g(x)) dx$$

曲線の弧 $y = f(x)(a \leqq x \leqq b)$ の長さは,$L = \int_a^b \sqrt{1 + f'(x)^2} dx$
これを x 軸のまわりに 1 回転してできる曲面積は $S = \int_a^b 2\pi f(x)\sqrt{1 + f'(x)^2} dx$

6. t を媒介変数とする曲線 $x = x(t), y = y(t)(a \leqq t \leqq b)$ の弧の長さは,

$$L = \int_a^b \sqrt{\left(\frac{dx}{dt}\right)^2 + \left(\frac{dy}{dt}\right)^2}\, dt$$

この曲線が領域 D の周を正の向きに1周するときは, D の面積は

$$S = \frac{1}{2}\int_a^b (xdy - ydx)$$

7. 2つの曲面 $z = f(x,y), z = g(x,y)(f(x,y) \geqq g(x,y))$ の間にあって, xy 平面上の領域 D の上にある部分の体積は,

$$V = \iint_D (f(x,y) - g(x,y))dxdy$$

曲面 $z = f(x,y)$ で, xy 平面上の領域 D の上方にある部分の面積は,

$$S = \iint_D \sqrt{1 + \left(\frac{\partial z}{\partial x}\right)^2 + \left(\frac{\partial z}{\partial y}\right)^2}\, dxdy$$

無 限 級 数

1. $\sum_{n=1}^{\infty} a_n$ を $\sum a_n$ と略記する. $A = \sum a_n, B = \sum b_n$ のとき $\sum(a_n + b_n) = A + B,\ \ \sum ca_n = cA$

2. $\sum a_n$ が収束するとき, $\sum |a_n|$ も収束 （絶対収束）
$A = \sum a_n, B = \sum b_n$ が収束のとき, $c_n = \sum_{i=1}^n a_i b_{n+1-i}$ とおくと $\sum c_n = AB$

3. 正項級数 $\sum a_n = A$ において, $r = \lim_{n\to\infty} \frac{a_{n+1}}{a_n}$, または $r = \lim_{n\to\infty} (a_n)^{\frac{1}{n}}$ とすると, $r < 1$ ならば収束, $r > 1$ ならば発散

$$\frac{a_{n+1}}{a_n} = 1 - \frac{p}{n} + O\left(\frac{1}{n^2}\right)$$ のとき, $p > 1$ ならば収束, $p \leqq 1$ ならば発散

4. $a_1 \geqq a_2 \geqq a_3 \geqq \cdots \geqq 0,\ \displaystyle\lim_{n\to\infty} a_n = 0$ のとき, $\displaystyle\sum (-1)^{n-1} a_n$ は収束

5. $\displaystyle f(x) = \sum_{n=0}^{\infty} a_n x^n$ の収束半径を r すると, $\displaystyle r = \lim_{n\to\infty}\left|\frac{a_n}{a_{n+1}}\right|, r = \lim_{n\to\infty}|a_n| - \frac{1}{n}$

収束半径より内部では, $\displaystyle \frac{d}{dx}f(x) = \sum_{n=1}^{\infty} n a_n x^{n-1}, \quad \int_0^t f(x)dx = \sum_{n=0}^{\infty} \frac{a_n}{n+1} t^{n+1}$

6. $\displaystyle e^x = \sum_{n=0}^{\infty} \frac{x^n}{n!} = 1 + x + \frac{x^2}{2!} + \frac{x^3}{3!} + \cdots\cdots \quad (r = \infty)$

$\displaystyle \sin x = \sum_{n=1}^{\infty} (-1)^{n-1} \frac{x^{2n-1}}{(2n-1)!} = x - \frac{x^3}{3!} + \frac{x^5}{5!} - \cdots\cdots \quad (r = \infty)$

$\displaystyle \cos x = \sum_{n=0}^{\infty} (-1)^n \frac{x^{2n}}{(2n)!} = 1 - \frac{x^2}{2!} + \frac{x^4}{4!} - \cdots\cdots \quad (r = \infty)$

$\displaystyle \log(1+x) = \sum_{n=1}^{\infty} (-1)^{n-1} \frac{x^n}{n} = x - \frac{x^2}{2} + \frac{x^5}{3} - \cdots\cdots \quad (r = 1, -1 < x \leqq 1)$

$\displaystyle \tan^{-1} x = \sum_{n=1}^{\infty} (-1)^{n-1} \frac{x^{2n-1}}{2n-1} = x - \frac{x^3}{3} + \frac{x^5}{3} - \cdots\cdots \quad (r = 1, -1 \leqq x \leqq 1)$

$\displaystyle (1+x)^a = 1 + \sum_{n=1}^{\infty} \frac{a(a-1)(a-2)\cdots(a-n+1)}{n!} x^n \quad (r = 1)$

とくに,

$$\sqrt{1+x} = 1 + \frac{1}{2}x + \sum_{n=2}^{\infty} (-1)^{n-1} \frac{1\cdot 3\cdots(2n-3)}{2^n n!} x^n, \quad \frac{1}{\sqrt{1+x}} = \sum_{n=0}^{\infty} (-1)^n \frac{(2n)!}{(2^n n!)^2} x^n$$

7. $f(x)$ が周期 2π, 区分的に C^1 級の関数で, 不連続点では

$f(x) = \dfrac{1}{2}(f(x+0) + f(x-0))$ とするとき，

$$f(x) = \frac{a_0}{2} + \sum_{n=1}^{\infty} (a_n \cos nx + b_n \sin nx) \quad （フーリエ級数）$$

ここで，$a_n = \dfrac{1}{\pi} \displaystyle\int_0^{2\pi} f(x) \cos nx\, dx, \quad b_n = \dfrac{1}{\pi} \int_0^{2\pi} f(x) \sin nx\, dx$

微分方程式

1. $\dfrac{dy}{dx} = ky$ の解は $y = Ae^{kx}$

2. $\dfrac{d^2y}{dx^2} + a\dfrac{dy}{dx} + by = 0$ の解は，λ の 2 次方程式 $\lambda^2 + a\lambda + b = 0$ の根を考えて，

2 根 λ_1, λ_2 が異なる 2 実根のとき　　$y = Ae^{\lambda_1 x} + Be^{\lambda_2 x}$

根が 2 重根 λ のとき　　　　　　　　$y = e^{\lambda x}(A + Bx)$

根が虚根 $\lambda = p \pm iq$ のとき　　　　$y = e^{px}(A \cos qx + B \sin qx)$

現数 Select　No.5　極限と連続

2024 年 2 月 21 日　　初版第 1 刷発行

著　者　　清原岑夫

編　者　　森　毅

発行者　　富田　淳

発行所　　株式会社　現代数学社
　　　　　〒 606–8425 京都市左京区鹿ヶ谷西寺ノ前町 1
　　　　　TEL 075 (751) 0727　FAX 075 (744) 0906
　　　　　https://www.gensu.co.jp/

装　幀　　中西真一（株式会社 CANVAS）

印刷・製本　　亜細亜印刷株式会社

ISBN 978-4-7687-0629-9　　　　　　　　　2024　Printed in Japan